对话
稻盛和夫
二

向哲学回归

〔日〕稻盛和夫
〔日〕梅原猛 著

喻海翔 译

人民东方出版传媒
东方出版社

生活在一个被界限笼罩的时代，所以我们会遇到各种各样的束手无策。正因如此，我们应该时刻提醒自己"回归原点"。

稻盛和夫

1932 年出生于日本鹿儿岛县。1955 年毕业于鹿儿岛大学工学部。1959 年创办京都陶瓷株式会社（现在的京瓷公司），历任总裁，董事长。1997 年起任京瓷名誉会长。1984 年创办第二电电（现名 KDDI，目前在日本为仅次于 NTT 的第二大通信公司），担任董事长一职，2001 年起就任最高顾问。2010 年 2 月接受日本政府的邀请，出任处于破产重建中的日本航空（JAL）公司的会长，2012 年成为董事名誉会长。日本四大"经营之圣"之一。事业成功之余，稻盛和夫在 1984 年创立"稻盛财团"，同年创设"京都赏"，以表彰对人类社会发展做出卓越贡献的人士。同时，他还是为年轻企业家开办的经营研修学校"盛和塾"的塾长，为后辈的培养倾注了心血。主要著作有：《活法》《活法贰·超级"企业人"的活法》《活法叁：寻找你自己的人生王道》《活法肆：开始你的明心之路》《活法伍：成功与失败的法则》《创造高收益壹》《创造高收益贰：活用人才》《创造高收益叁：实践经营问答》《稻盛和夫的实学：阿米巴经营的基础》等。

梅原猛

1925 年生于日本宫城县。哲学家。毕业于京都大学文学部哲学科。曾经担任过立命馆大学教授、京都市立艺术大学教授及校长，东日本大震灾复兴构想会议特别顾问（名誉议长）。1987 年 5 月至 1995 年 5 月担任了国际日本文化研究中心第一任所长。现为京都市立艺术大学名誉教授，国际日本文化研究中心顾问。1972 年获得每日出版社文化奖，1974 年第一届大佛次郎奖，1999 年获文化勋章。以日本佛教为中心研究日本人的精神性。主要著作有《地狱的思想——日本精神的谱系》《日本人的"他世"观》《隐藏的十字架——法隆寺论》《水底之歌——柿本人麿论》《海人与天皇》《＜叹易抄＞入门》等，与稻盛和夫合著《话说新哲学》等。他在从事被称为"梅原日本学"的具有自身特色的日本文化研究的同时，还撰写了《日本武尊》、《吉尔伽美什》、《小栗判官》等一系列剧本曲目。

目录

第三章　共生哲学与循环思想 /065

序
幸福的道路

稻盛和夫

我认为，不管是处理国内问题还是国际问题，当今这个时代更应该努力宣扬"为了人类、为了社会"的利他道德观与价值观，并以此作为我们行动和思考的原点。与此同时，我又深感将这种理念付诸实行是十分困难的。

事实上，陷入迷失之中的也并非只有日本。譬如，美国社会由于离婚率的上升导致众多家庭解体。学校教育，尤其是公立中小学的教育在各个国家也是愈加荒废。资本主义社会到了行将崩溃的边缘。

迄今为止，宗教支撑着与世界本质相关的精神价值观，但是现在却连宗教本身也陷入了日益衰微的境地。在欧美一些国家，基督教的影响早已大幅削弱。在日本，各种宗教组织早已成为以举办婚丧嫁娶各类仪式为主的商业化机构，由宗教构筑起来的道德观的功能正在逐渐消亡。正因如此，宗教也变得让人难以依靠。

这种状况下我们究竟又该如何是好呢？这里我想举一个曾经给我以启迪的亲身经历。美国有一本名为《幸福的道路》（*The Way of Happiness*）的书，这是一本由个人自费印刷并进行传播的图书，而且不管是个人还是企业，只要有兴趣，都可以自行印刷并传播这本书。尽管这不是一件多么了不起的事情，但是总有人在从事和推动这项活动。

我本人对《幸福的道路》引发的这场运动所体现的精神，以及书中所宣扬的道德和价值观都产生了共鸣。书中的内容似乎全是些老生常谈，只不过试图向我们这些失去信仰的众生提供本应成为我们行动指南以及基础价值观的理念。举例来说，书中包括了诸如"不可因为自己的行为举止令周围的人产生不快"之类的话语，简直就像是向小学生说教的内容。通览全书让人感受到的全都是"利他精神"。

在日本，中国古代经典著作在很大程度上都一直代表着艰深的学问和哲学理念，并被日本人视之为自身教育的一环，但我认为现在没有必要专研这么深奥的东西。先人传授给我们的经验教训和伦理道德观已需要重新审视和改造。但事实上，我们现在真正应该做的正是重新弘扬蕴含于上述这些教育、经验和理念中的利他精神。

或许有人会认为："现在再来学习这些教育小学生的东西已经于事无补。"然而恰恰是这些用来教育孩子的道德理念，现在的成年人却一无所知。不仅是一无所知，甚至都没有试图去学习了解的意愿。毫无疑问，我们可以将这种现象视为整个日本社会沉沦的要因，与此同时，它也是资本主义社会整体沉沦的重要原因。

这一次，我很荣幸能够与梅原先生这样具有非凡历史观的哲学家进行对谈。作为一名企业的经营者，我将毕生心血都投入到了企业管理和研发活动中，并通过这个过程对人生进行了积极思索，自认为获得了非常有意义的人生体验。我们在这本书中谈论的主题是：什么才是现在的我们所必须具备的东西。理清这一点不仅能够为拯救日本社会找出根本之道，同时也有助于我们摸索解决资本主义以及人类文明当前所出现的溃败的方法。

通过这次讨论我深深感到，作为人类行动指南的伦理道德其实都是非常简洁明了的，连小孩子都懂。我们现在需要的就是这样一种既单纯又符合宇宙自然法则的伦理道德观。这种伦理道德观并非由上天赐予，而是通过我们每一个人的努力来构建的。

第一章

身处混沌当中，我们又该何去何从

——稻盛和夫

为什么日本人感受不到富足

心念不善者不配拥有生存的资格

高贵者所应该具备的伦理道德观

为什么日本人感受不到富足

自第二次世界大战结束以来，日本变得日益富强，成为世界屈指可数的经济大国。这一点仅从我们驻美国的分公司与日本本土公司之间的比较就能够深刻地感受到。日本本土的公司，包括生产一线人员在内的员工的平均工资要远远高于美国的分公司，日本本土公司员工的收入是美国东海岸南卡罗来纳州子公司员工的两倍。所以，虽然日本的经济列于美国之后，但是如果以工资收入为标准的话，日本却已经超过了美国。

尽管如此，在日本社会中却到处可以听到"缺乏富足感"的抱怨。

"尽管日本的经济规模庞大，早已成为了一个经济大国，但依旧是一个令人感受不到富足的国家。"这种认识从政治家到普通民众，浸透了整个日本社会，并引发对"我们究竟该如何来对待这个问题"的广泛讨论。

当然，日本当前社会所存在的流通结构和政府管制等问题，必须加以解决。如果刨除这些因素，日本仍然算得上是一个富裕的国度。

在日本，民众并不缺衣少食，基本上也没有冻馁倒毙者。在这个社会里，没有人需要为了生计而不眠不休地拼死劳作。如果这样一个社会都不算是"富裕社会"，那么什么样的社会才算是呢？

其实日本人只是身处蜜罐而感受不到甜味而已。之所以会出现这种现象，我认为应该归咎于日本人自己陷入了无法产生富足感的精神构造。每个人都不再在意自己手中已经获得的财富，而是一心贪恋那些没能到手的财物。自以为是地认为富裕可以用某种标准来衡量，进而"想要获得更多的财富"。正是由于这些原因，日本人才会"感受不到富足"。

事实上，富裕只是一种主观感觉，根本就没有绝对的标准可以衡量。富裕也从来都不会从天而降，需要脚踏实地地勤奋积累，也就是说，必须依靠我们自己的双手来创造。

佛教里面有"知足"的说法。这个词虽然早就让我们大家的耳朵都磨起了茧子，然而在现实当中大多数人却仍然不懂知足，这是导致"感受不到富足的日本"的根本原因。

极端一点地说，不懂知足或无论如何都感到不足的人，不管在任何情况下，都会因为永不满足而无法获得富足感。只有那些"懂得知足的人"才能感受到富足。也就是说，我们只有将"知足"作为自身精神构造的基盘时，才有可能获得富足感。

与"知足"截然对立的是"不知足"，也就是所谓的"利己（ego）"。当一个人陷入利己状态中，就会一门心思只追求个人利益，万事皆以是否符合自身"利益"为判断标准，这种人永远都不懂知足。问题是在当前的日本社会，以利己主义来主导自身行动的人正变得越来越多。

正因这种凡事都只以个人利害得失为判断标准的价值观，才会导致日本行政改革、规制缓和（用在经济学或公共政策等领域，意指政府放松对某产业、事业的管制、限制。——译者注），以及地方分权等改革进程遭受重重阻碍。那些既得利益集团对这些改革举措总是大唱反调。例如：在出租车行业，现有从业者共同阻挠出租车行业规模扩大，以便能够抬高出租车费；私营铁路公司通过与日本运输省的交涉，成功地上调了车票价格；政治家们则为了自己所属政党的利益和策略陷入你争我夺之中。总而言之，所有人都深陷于利己行为之中，整个社会感受不到丁点甘愿为了他人奉献牺牲的"利他精神"或"大爱"。

并且，不单是行政改革、规制缓和、地方分权这些问题，其他诸如政局动荡、经济泡沫及其破灭、股价低迷、金融丑闻、日美经济摩擦、外交矛盾等当前诸多混乱的根源，我认为全都可以归结于现在的日本人只具备了极其肤浅的伦理观和哲学观。

地狱与天堂的区别

在佛教里面有这样一个故事。

一名弟子向师父询问道："您说世界上既有地狱又有天堂，地狱里面有阎罗王，他让地狱里的众生受尽煎熬和折磨，可是地狱与天堂的差别究竟在什么地方呢？"老和尚回答道："这是因为世间还有作恶之人，为了警示这些人切莫因为行恶而堕入地狱才有意这样说的。事实上地狱和天堂并无差别，完全相同。"听到这里，老和尚的弟子顿感愕然。

"我所听到的是，地狱里面腥风血雨，而天堂则犹如一个美妙无比的乐园，怎么能说地狱和天堂是完全相同的呢？"

"地狱和天堂确实是完全相同，别无二致。"

"那么，地狱与天堂的差别到底又在何处呢？"

"差别只在于身处其间者的心念。怀地狱之心念者，所处之地皆是地狱。反之，怀天堂之心念者，身处之所皆为天堂。"

我再给你举一个例子来加以说明。就如你已经知道的，我们这家寺院每年都会做几次乌冬面来犒劳寺里的僧侣们。对于长年累月苦心修行的僧人们而言，乌冬面是很少有机会吃到的美食，然而，恰恰就在这顿乌冬面会餐里却蕴藏着地狱与天堂的差别。

当架上大锅、燃起柴火、烧开沸水、煮好面条后，众人会各自拿起长达一米的筷子围拢到大锅边上准备吃面。

可是就在这个一年当中难得打牙祭的日子里，当这群饥肠辘辘的僧侣们围在面锅旁准备开怀大吃时，地狱天堂之别便产生了。若是在地狱里，陷入饿鬼道的众生必将争先恐后地向锅中伸出筷子抢捞面条。当有人夹起满满一筷子面条时，身边马上就会有筷子伸过来一把抢走，人人都怕别人比自己多吃多占，个个都急着用手中的筷子去抢夺他人捞起的面条，面锅边真是一片混乱。就在这片狼藉之中，有的人趁乱夹上几根面条，虽然蘸料汁不很顺利，可往自己口里送时才发现，筷子太长，根本没法够得到嘴巴。如此一来就出现了先将面条丢在地上再吃的人，即便是这样仍然有人会去抢。最终没有任何一个人能够吃上一口面条。有的人甚至因为自己吃不着，就专门去阻挠那些就要吃到面条的人，从而引发了各类争吵打斗。混乱之中，面锅被打翻在地，面条流了一地，所有人都没法再吃了，这就更是激得众人怒火腾飞、杀气四起，开始用手中的筷子相互殴捅，最终变成了一片阿鼻地狱（又作无间地狱，佛教中指犯了极重罪孽的人死后灵魂永远受苦的最底层的地狱。——译者注）的惨烈景象。

与此相反，天堂里呈现出的却是完全不同的景象。当乌冬面煮好后，每个人都用筷子夹起面条主动送到对面人嘴前，连声说"您先尝尝"，对方则赶忙回答道："如此美味的东西我却先吃了，真是不好意思，您也请!"天堂中的人们就是在这种互敬互让的和谐气氛中享用着这一锅热腾腾的乌冬面。

如上面这个故事所表述的，由心态平和、善良体贴的人所组成的地方就是天堂，而满心自私自利、我念执著的人聚集在一起的地方即为地狱。

如果以这个角度来观察的话，那么我们现在的这个世界倒真有一点地狱的模样。比如当前日本社会暴露出的包括新兴宗教在内的事件、经济衰退、政界动荡、日元过度升值、贸易摩擦等诸多现象，其实全都只会发生在一个自私自利者聚居的世界里，因为这些现象正是此间众生的心念所化现出来的。正如同样的一锅面条、数双长筷，之所以会有阿鼻地狱和美妙天堂的差别，无外乎锅边食客们的心念不同。

当前日本社会的诸般景象也正是由日本大众的心念造化而成。所以要想解决日本社会的各种问题，我们就有必要修身养性，利用质朴的道德理念让心灵得到净化。如果众生能够以美丽的心念作为自身的行动规范、判断标准以及价值观，我们的社会就会因此出现转变。而如何在力所能及的范围内重新构筑我们的心灵规范则正是本书的主题。

在日美经济摩擦问题上高声说"不"的日本

让我们先把视野放大到一个国家的高度来审视现在的日本。

1995 年 6 月，在日美两国就汽车零部件进出口问题举行一揽子协议谈判期间，日方采取了强硬态度，使谈判几乎濒临破裂。当时的日方代表亮出了"该说就说"的架势，即便一定会影响到日美安保或外交关系也在所不惜。日本国内有些人对于日本政府的这种姿态感到欢欣鼓舞，出现了诸如"日本不能够采取永远追随美国的外交政策"，"二战已经结束了五十年，日本应该更加独立自主"之类的呼声。对于日本政府的这种做法，我本人感受到的不是一个独立自主国家的自信，而是一种基于自身私利的傲慢。

纵观日本外交，自始至终都缺乏自信。

例如在与韩国的外交交涉以及与朝鲜的关系正常化等问题上都存在着这种倾向。对中国的态度也是一样，一副瞻前顾后、首鼠两端的样子。

对于马来西亚前首相马哈蒂尔提出的 EAEC （东亚经济会议），日本也是碍于美国的脸色而始终保持着消极的态度。尽管马哈蒂尔表示希望"日本能够拿出更多的勇气来"，可是由于美国不能接受"亚洲一体化"的主张，日本也就绝不敢对此表示出赞同之意。

在加入联合国常任理事国问题上，日本也不是在堂堂正正地宣告"日本想要入常"的基础上展开相关活动的，而是选择"还是希望由其他成员国来推荐"的态度。然而，在期待获得其他国家在入常问题上的支持的同时，又附加上"无论如何请允许日本不派遣自卫队参加联合国维和行动"的条件。坦率地讲，日本明明想要成为联合国常任理事国，却不主动提出这个愿望，而是一心指望其他成员国进行推举，这种态度从根本上反映出了日本政府自信心的匮乏。

然而如此软弱的日本却在与美国展开贸易谈判时，表现出了即便谈判破裂也在所不惜的强硬姿态。那么，日本的这种"自信"究竟又来自何处呢？

　　根据我自己的理解，日本的这种自信是基于美国在这个问题上的主张，以及美方准备启动超级 301 条款（美国《贸易法》的第 301 条，通过确定外国的不公平贸易做法和重点国家，加强美国在与这些重点国家进行贸易磋商的谈判力量，旨在为美国寻求开拓国际市场的突破口。——译者注）对日进行贸易制裁的做法有悖于自由贸易的宗旨，也就是违背了 WTO 精神。世界各国原本是为了维护自由贸易和自由经济才共同设立了 WTO 组织，尽管 WTO 的条文中明确规定一个国家不得擅自对其他成员国实施经济制裁，可是美国却依然独断专行地要凭借超级 301 条款来发起对日制裁，美国的这种做法显然违背了自由贸易精神，道理完全在日本一方，所以日方的主张更加具有正当性。正是因为这样，日本才会拿出自信，与美国展开了斗争。总而言之，美方的主张在理论上违背了自由贸易的重要原则，而日方的主张更具有正义性，所以占了理的日本才会在与美国的交涉中鼓起勇气、针锋相对。

　　事实上，美国在汽车零部件出口这个问题上的做法确实存在着一些问题。美国要求日本购买更多美国生产的汽车零部件，仅从汽车零部件质量水平、交货及时性以及价格合理性这三个重要因素来看，这就是个极其复杂的问题。日美两国之间原本不存在汽车零部件的贸易，但是现在美方却强迫日本购买大量美国汽车零部件产品，美国的这种要求显然是毫无道理的。

此外，美国的汽车厂商一直到 1993 年才开发出符合日本标准的右舵车，在此之前都只生产左舵车，而且也没有花工夫在日本建立自己的销售网络，在日本市场的销售完全依赖于日本的进口车销售商。令人不得不感到奇怪的是，美国却罔顾这些事实而一味主张："美国车之所以在日本销量不佳，完全是因为日本没有开放汽车销售网络"。真要细究起来，美国提出一大堆像这样的要求根本不合道理。

与此同时，我们必须看到的是，在日美贸易收支中，日本的贸易顺差为 500 多亿美元，其中有将近三分之二来自于汽车贸易。也就是说，在日本对美贸易中，有约 300 亿美元与汽车贸易顺差相关。日本汽车厂商在打入美国市场后，通过在汽车制造和销售领域长年累月的辛勤耕耘，即便扣除日本汽车厂商在美工厂的销售额，日本对美直接汽车出口额依然出现了 300 亿美元的顺差。虽然日本企业完全依靠自身的努力在美国汽车市场占据较高份额的观点说得通，可是对于那些"完全是由于美国企业没有付出足够的努力，因此才无法打开日本市场"的说法，我认为还是存在着一定的问题。

　　日本表示要"向 WTO 提出投诉"，尽管欧洲方面也给予了理解和赞同，甚至连美国内部也有声音认为"美方的做法并不恰当"，但是日本因此就以为"道理都在自己手中"的认识同样也是极其危险的。这是因为日本的主张虽然在道理上没有错，但并未得到世界各国的普遍支持，一旦对美谈判陷入长期僵局，毫无疑问国际舆论最终会得出"虽然日本的说法有一定的道理，但是日本长期保持对外贸易顺差的事实本身也确实是一个问题"的结论。总而言之，日本将会在国际舞台上成为众矢之的。

　　这个问题的核心其实就是美国对于日本只顾自身利益，不愿意与他人共同分享的做法表示不满而已。有鉴于此，日本必然难逃被国际舆论认为"日本遭受美国打压是天经地义"的下场。我不知道日本政府对这种状况是否有着清楚的认识。

心念不善者不配拥有生存的资格

　　日本与美国进行贸易谈判时，常常喜欢把企业所付出的努力挂在嘴边。日本企业或许在美国市场上付出了辛勤的努力，但是我们不能忘记的是，美国一向对外来者保持开放心态。反观日本，在这一点上与美国截然不同，外来者很难融入。当美国人指出日本具有"排外特异性"时，日本人总是矢口否认，可是我却同意这种看法，日本确实是一个特异的国家。

例如，全世界大概只有日本才会有不注明菜价的"店家说了算"餐馆。在日本，当我们走进那些高级寿司店，往往会找不到明码标价的菜单，而且客人打听菜看价格会遭到鄙视，所以只好在对价格一无所知的情况下点菜。等用完餐时又会拿到一张金额吓人的账单。与日本形成鲜明对比的当属德国。在德国，啤酒杯上都标明了容量刻度，甚至连喝烈性酒用的小酒杯上也同样如此。酒杯上标明容量刻度在欧美社会是一个常识，从欧美社会的习惯来看，如果在一个社会里，必须要在客人主动要求下餐厅才会告之菜品价格，那么这样的社会是没法让人产生信赖感的。事实上，众多日本人早已习以为常的事情在美国人看来却是难以理喻。

日本的加油站从经销商处批发油料时不当场决定购买价格，等到事后一起结算的做法至今依然保留着。加油站往往都是在不清楚进价的情况下，以每升105日元或者100日元的价格向驾车人出售汽油。如果事后油料经销商提交的价格是每升120日元的话，那么加油站一方自然就会赔本。当然，日本油料经销商一般都会向加油站承诺保护加油站的利益，因此加油站都是在相信这种承诺的基础上与经销商进行交易的。

　　在日本还有更荒唐的做法，那就是已经被媒体披露过的，日本的聚乙烯购物袋的原料价格要等到最终产品交付商场六个月后，在进行结算时决定。我实在无法理解购物袋生产厂家如何能在无法确定产品价格的情况下先向客户出售产品，最后再决定原料价格。当然，这可以算是厂家的一种垄断战略，因为如果事先就确定原料价格的话，必然会招致其他厂商来进行价格竞争，所以干脆采取这种不事先确定价格，口头向客户做出利益保障承诺，事后再看具体状况确定价格的做法。而这种方式也就阻碍了同业者之间的竞争。

　　日本的大企业里面也存在着诸多奇怪的现象。譬如一直到最近为止，某旧财阀系统的汽车生产商所生产的高级轿车，一直都是只能由集团内部使用的。

　　在日本各财阀系统中，彼此都极其重视与同系统内其他企业的关系。对身处财阀系统内的成员而言，只喝同系统的厂家生产的啤酒的做法是天经地义的。日本人不管在任何场合都堂而皇之地保持着这种做法，丝毫不加任何掩饰，因此不管从哪个角度看，日本市场都很难算得上是一个公平市场。汽车行业亦然，尽管日本一再声称，"日本的汽车市场是完全开放的，证据就是日本既没有设定汽车进口关税，对于外国企业在日构筑汽车销售网络也没有进行差别对待"，然而日本的汽车市场与美国的汽车市场依然存在着极大的差异，给人以封闭的感觉。

直到十五年前，日本政府都在一心扶持日本国内产业。不仅是在商贸产业领域，同时还包括农业、水产、运输等行业，日本政府一直都专注于自明治天皇时代就开始奉行的"富国"战略。正是由于这种大背景，日本企业即便是在成长和壮大之后，也没有资格骄傲自大。

一方面，日本企业完全是在政府的鼎力扶持下才得以拥有像现在这样的实力。而另一方面，当美国经济出现问题，转而向日本寻求帮助时，假如日本能够顺应美方的请求，自然就不需要担心遭到美方的制裁。日本人应该戒除凡事都以自身利益为出发点的价值观，如果日本能够拥有稍微正确一点的伦理道德观的话，就应该拥有"美国购买了大量的日本产品，令日本从中获得了巨额的贸易顺差，作为报答，日本也应该扩大美国产品的进口规模"的胸怀。

美国之所以会挥舞着超级 301 条款，对日本采取一副居高临下的态度，其中很重要的一个原因出于美国目前所面临的困境。所以我认为鉴于当前这种状况，日本仅仅是因为自己占了理就不管不顾、唾沫横飞地与美国陷入争吵，这种做法实在欠妥。这种态度既不宽容，也缺少肚量，完全是自私自利心态在作怪。美国作家雷蒙·钱德勒（Raymond Chandler）作品中的主人公曾经说道："只有强大的男人才能够生存下来，但是心念不善者不配拥有生存的资格。"

如果我们能够通过自身努力变得强大，这当然是件值得肯定的事情，然而心中若不能怀有对弱者的同情心，那么我们的人格魅力也自然会因此缺失。热心帮助弱者，当他人遇到困难时，能够主动将自己的事情放到一边并施之援手，这种胸怀对于我们来说十分重要。而一颗"利己的心"是绝对不可能具备这种胸怀和肚量的。日本只是拥有强大的财力和经济实力，并不足以获得国际社会的"生存资格"，所以想要成为联合国常任理事国而得不到其他国家的支持是理所当然的。

高贵者所应具备的伦理道德观

真正的自信并不取决于拥有多少理论学识。一个人只有基于自身的哲学观、人生观、价值观所产生的自信才堪称真正的自信。这是一种在探寻宇宙本质的过程当中，以道德和哲学的普遍价值基准为原点形成的自信。对于拥有这种自信的实践者，人们常会表示出敬意与尊重。反之，则会被评价为傲慢。

令遗憾的是，日本欠缺的恰恰是这种真正的自信。因此，日本才会依赖利益判断、理论逻辑这些世俗智慧，从而始终无法摆脱傲慢不逊的国际形象。

英国贵族当中存在着"noblesse oblige（位高则任重，贵族义务）"的理念。这种理念是指身为贵族，之所以能够拥有较高的地位，获得大众的信赖与尊敬，是因为他们能够勇敢无畏，在战争等特殊场合具有奋不顾身、勇于牺牲的觉悟。这种理念明确展示出了，在战场上苟且偷生之辈既不配当贵族，也不值得世人信赖与尊敬的价值判断基准。

那些身居高位的人本应具备与自身地位相匹配的，值得世人尊敬的道德、哲学以及价值观念。可是反观当今日本，那些核心价值早已丧失殆尽，只具庸俗价值观念之徒在日本社会占据了中心地位。由于这些人只以能否得利、是否占理作为自己的判断基准，所以不管在任何地方他们都很难得到他人的认同，赢得广泛的拥戴。正是由于这个原因，日本在国际舞台上才只能左顾右盼、手足无措地选择了随大流政策。

这种现象不只限于外交领域，在日本国内亦然。具有真正的自信，能够摒弃庸俗的价值判断基准，拥有值得敬佩的道德、哲学、价值观念的人在日本社会中几近于无。在官场里，官僚们只在乎本部门的利益得失，毫无全局观念。在商海中，不管是企业经营者还是普通员工也是同种状态。

那么，日本人的这种精神上的贫瘠究竟是何时才开始的呢？我认为绝非始自二战之后。

事实上，在第二次世界大战中后期，已经能够看到完全丧失武士道精神、极其卑鄙无耻的日本军人形象。但凡有着武士道精神的人是绝对不可能做出那些卑劣行径的。但是如若细究日本武士道精神逐步衰微的轨迹，我认为可以追溯到江户的元禄时代。在歌舞伎表演中有着一个长盛不衰的主题，那就是表现赤穗浪人讨奸复仇①的《忠臣藏》，它正是对业已

---

① 赤穗义士复仇事件是发生于日本江户时代中期元禄年间，赤穗藩家臣47人为主君报仇的事件。元禄十四年阴历三月十四日（1701年4月21日），赤穗藩藩主浅野长矩在奉命接待朝廷敕使一事上深觉受到总指导高家旗本、吉良义央的刁难与侮辱，愤而在将军居城江户城的大廊上拔刀杀伤吉良义央。此事件让将军德川纲吉在敕使面前蒙羞，德川纲吉怒不可遏，在尚未深究事件缘由的情况下，当日便命令浅野长矩切腹谢罪并将赤穗废藩，对吉良义央却没有任何处分。以首席家老大石内藏助为首的赤穗家臣们试图向幕府请愿，以图复藩再兴，但一年过后确定复藩无望，于是元禄十五年阴历十二月十四日（1703年1月30日）大石内藏助遂率领赤穗家臣共47人夜袭吉良宅邸，斩杀吉良义央，将吉良义央的首级供在泉岳寺主君墓前，为主君复仇。事发后虽然舆论皆谓之为忠臣义士，但幕府最后仍决定命令参与此事的赤穗家臣切腹自尽，吉良家也遭到没收领地及流放的处分。

元禄赤穗事件是江户时代的一次重大事件，与"曾我兄弟复仇事件（曾我兄弟の仇討ち）"、"键屋之辻决斗事件（鍵屋の辻の決闘）"并称日本三大复仇事件。尤其本事件中大石良雄表现出对主君的忠诚，以及执著的信念和超强的忍耐力，为世人津津乐道，至今仍然对日本社会和民族性格产生深远影响。（主要内容摘自维基百科）

消失的武士道精神的颂扬。

从那个时代开始，日本基本上就保持着和平的环境。随着幕府时代落下帷幕，日本进入了明治时代，后来又经历了中日甲午战争和日俄战争。我认为到这个时候，日本就已经不存在真正的武士道精神了。自明治维新开始，日本流行的实际上是"挂羊头卖狗肉式的武士道"。正是由于这种武士道名不副实，因此在一系列对外战争后，日本忘掉了真正的武士道精神，翘起了骄傲自大的尾巴，结果使得日本的陆军和海军出现了一大批无耻之徒。当时不管是在陆军还是在海军队伍里，众人都是以自身安泰为第一，相互勾结袒护，从而危及到了国家的命运。

军人就是要担负起保卫自己国家安全的重任。因此，当自己的上级或者同僚犯了错误时原本应该严加问责，作战失败时更应彻底予以追究。这种做法或许会导致当事人之间发生严重冲突，甚至影响对方的前程。但是对于一个真正的军人而言，就算是断送了自己挚友的前程，也必须对作战失败的根源详加探查。然而在二战之前的日本，由于过于重视友谊这样的世俗之情而导致祸国殃民的例子不胜枚举。

我个人认为，由于日本自战国时代（特指日本 16 世纪至 17 世纪室町幕府后期到安土桃山时代之间大约百年间政局纷乱、群雄割据的历史时期。——译者注）终结后，社会内部一直都处于和平状态，由此产生的影响一直延伸到了明治以后。这也是导致日本社会欠缺高尚的伦理道德观，领导者欠缺应有价值观的肇因之一。

第二章

资本主义伦理与独立自尊精神

将追求利润自我目的化的资本主义

商界人士必备的四项条件

企业家应该奉为圣经的理念

梅原猛：
苏联解体所造成的影响

纵观当今日本，由于泡沫经济破灭之后的长期衰退，我认为日本人已经丧失了自信。由于身处这种停滞不前的氛围之中，我更想探讨一下"日本人应该选择怎样的一种生活态度"。如果这个探讨能让禁锢于沉闷空气中的日本大众获得一点勇气和自信的话，那么我将为此感到满足。

首先让我们切入正题。关于日本社会四处蔓延的不自信的风潮，我认为其最初始于柏林墙的倒塌。坦率地讲，苏联解体是一件极其重要的历史事件。我们每个人都多少受到过马克思主义思想的影响，也就是说，都曾经被教育道：社会主义社会是取代资本主义社会的理想社会。然而，本应作为理想社会形态的社会主义社会在现实当中却又都非常贫困。

这就导致有人对马克思思想和社会主义社会是人类理想社会形态这一见解的否定和怀疑。

苏联解体之时，日裔美国政治家、思想家的弗朗西斯·福山曾经断言道："对立的时代就此终结。"恰如黑格尔在其哲学体系中说过"一个消除了对立的绝对精神的时代必将到来"一样，福山认为资本主义与社会主义的对立得到了消除，现在"人类进入了资本主义永续不断的时代"。竭力鼓吹资本主义一定会在人类社会中得到繁荣壮大。

然而十年已经过去，福山所说的"资本主义大繁荣"却依然没有出现。反而是资本主义不为人知的一面开始浮出水面，那些曾经被马克思作为资本主义的阴暗面而列举出的种种缺陷不断暴露在了世人面前。

但是，即便人们已经察觉到了资本主义的阴暗面，而且社会大众已经体会到了基于马克思主义的社会主义社会也有缺陷。那么，我们又该何去何从呢？这也正是当今日本社会面临的最大问题。对此我认为，我们必须建立一种能够消除当前资本主义阴暗面的"新资本主义"。

稻盛和夫：
资本主义应有的伦理

我认为梅原先生刚才所提到的主张就是指"正确的资本主义"。

　　近代资本主义是以"追求利润"为主轴实现了自身的发展，但是日本自古就存在着可以称之为"人本主义"的，以人为基本出发点的经营方式。我并不认为追求利润就一定是坏事，但是当前资本主义面临的一个重要问题就是如何分配既得利益。我认为企业赚取的利润可以用在社会、家庭和个人身上，但是首先应该将企业员工、股东、还有客户放在利润分配的第一位。如果还有剩余的话，就应该放在更加广泛的范围，如对文化和社会做出援助与贡献。

　　这样的资本主义伦理并不是什么新东西。至少在我看来，正如德国学者马克斯·韦伯（Max Weber，1864—1920，德国著名社会学家。——译者注）所指出的，基于新教的资本主义在当初崛起时就是以严格伦理观为基础的。但是随着资本主义的不断发展，基于新教思想的严格伦理观念逐渐淡化，最终变成了现在这种"一切向钱看"的状态。

　　资本主义的本来目的是要造福社会，因此我们首先需要做的就是"回归到这个原点"。然后再以此为出发点，努力塑造一个比早期资本主义更加优越的"新资本主义"。无论如何，仅靠复古终究无法实现进步，因此我们必须从现在这种颓废状态中解脱出来，回归原点，在返璞归真、重现基本形态后，再向"新资本主义"的目标进发。只要通过这样的途径，我相信产生积极思想和智慧的可能性会大幅提高。为此，作为资本主义中流砥柱的企业界人士就应该具备宏大的哲学理念。我个人感觉，今后哲学的影响力将会变得愈加重要。

而且，并非只有欧洲产生过具备相应伦理观的资本主义，日本当初同样也有过这种资本主义。在日本还处于封建社会的江户时代，当资本主义在日本刚刚展露萌芽之际，就已经出现了商人的伦理观，并在日本的商人之间传播开来。

江户时代的日本社会还存在着士农工商的等级制度，商业人士的社会地位极低。那个时候，做生意的人差不多都被认为是"不务正业"。正是在那样一个时代，京都的龟冈出了一位名叫石田梅岩（1685—1744，日本商人，学者。——译者注）的人。石田梅岩曾经在和服店当过学徒工，备尝艰辛。在过了四十岁后，他突然开始与禅僧打交道，并以在家居士的形式进行了坐禅等各种修行，最终开悟。在开悟后，他设立讲堂，开始宣扬推广被后世称之为"石门心学"的理念。

石田梅岩的哲学观点的核心就是："从事商业活动并不是什么卑劣的行为。获取利润其实是一件非常值得赞赏的事情。"也就是说，身处封建时代的石田梅岩早已提出与近代资本主义相同的，"追求利润"并非罪恶之事这一主张。在那个身份等级制度犹存的时代，他力主"商人获取利润与武士获取俸禄在本质上并无二致"，并以此来激励商人们鼓起信心，勇于从事正受到世人鄙视的商业。石田梅岩公开主张"堂堂正正的商业竞争理应奉行"，所以我们可以将此视为日本近代资本主义萌芽出现的一个象征。

我认为在石田梅岩思想当中非常重要的一点是"必须诚实经商"。石田梅岩一直认为，商人不应该从事卑劣不正的行径。正是依靠"鼓起信心"、"堂堂正正地从商"等理念，石田梅岩在让商人们获得自信的同时，也为他们指出了作为从商者所应具备的伦理道德和哲学观——也就是为商之道。

与基于新教伦理而兴起的欧洲早期资本主义一样，石田梅岩同时代（日本商业资本的勃兴期）的日本商人拥有更加强烈的伦理道德观。然而这种伦理观现在却早已消散退失，资本主义在当今日本造成的种种恶果令人无言以对。假如石田梅岩那个时代的资本主义精神能够一直传承至今，就不可能出现泡沫经济以及政界和证券公司丑闻。

梅原猛：
将追求利润自我目的化的资本主义

正如稻盛董事长所言，早期资本主义蕴含了马克斯·韦伯指出的新教精神，因此我们可以将早期资本主义喻为是一手持《圣经》，一手拿算盘。如果只持一端的话，任何商业活动都将难以为继。可以认为当欧洲资本主义尚处早期阶段时，伦理道德在一定程度上起到了制约作用。

然而，随着资本主义的逐步发展，不经意间，追求利润被自我目的化。马克思站出来批判的也正是这种以自我利润为目的的资本主义。正是依据这个判断，马克思才会将所有奉行资本主义的经营者都视为恶徒，然后在此基础上确立了他的理论体系。马克思认为只要进入了社会主义社会，所有人就会自然而然地转恶为善。可是即便制度发生了改变，也不能保证所有人变成好人。

正如好色之徒就算到了社会主义社会也依然好色，追逐权力者在社会主义社会中照旧会醉心于权力追逐。因此，我们必须对资本主义进行改造。在面对改造资本主义这项挑战时，重新构建早期资本主义的伦理观就成了唯一的选择。为此，我们就只能去推动现有资本主义的伦理化进程，必须为了实现这个目标付出最大的努力。

说到日本的商业伦理观，我想提一下伊藤仁斋这个人。伊藤仁斋是比石田梅岩更早一代的元禄时期（1688—1703）的一位儒学家，主张儒教伦理并非武士阶层专属，同样也适用于商工业者。

虽然伊藤仁斋的理论被称作"古义学"，但是他的理论却不是简单的复古。我认为伊藤仁斋想要确立的不是一套适用于等级社会的伦理体系，而是能够作为"市井凡夫儒教"的平等伦理体系。也就是说，他不是以等级社会重视的"忠"、"孝"伦理概念为核心，而是以平等社会伦理核心的"仁"、"诚"、"爱"等概念来定义儒教。因此，他才会立下"通过儒教来感化由工商阶层构成的底层生意人社会"这一目标。这可以被认为是德川时代儒学中的一种独创性思想。

伊藤仁斋的思想中很有意思的一点是，虽然他不赞成婚外性关系，但是对于婚内性关系却不认为有何不妥。儒教在伦理上对于性持压制态度，因此与人的本性就有所背离。有鉴于此，伊藤仁斋认为，对于情色给予伦理性的肯定要更加符合客观现实。基于这种认识，伊藤仁斋柔化了相关伦理制约。儒教思想因过度禁欲而难以为商人接受，伊藤仁斋对儒教这些思想进行了改造，从而使儒教能够得到他们的接纳。伊藤仁斋就与他的前妻和后妻总共生了九到十个子女。有观点认为这种现象虽然在以武士阶层为主的江户（**现在的东京——译者注**）绝无仅有，可是在京都却一向都是商人们的固有传统。耐人寻味的是，石田梅岩正是出现在此类思想的盛行之地。

在伊藤仁斋和石田梅岩之后，活跃于幕府时代末期和明治时代的福泽谕吉（1835—1901，**日本近代著名启蒙思想家和教育家。——译者注**）毕生都在宣扬早期资本主义的伦理观，即独立自尊的伦理。然而自那时起一直到现在，伦理与资本主义出现了明显的分离倾向。在资本主义的发展过程中，传统的道德伦理逐渐消散，发财致富取而代之成为了主导元素。当前资本主义所显现出的各种混乱，或许也正宣告了回归原点时刻的到来。

稻盛和夫：
商界人士必备的四项条件

我时常会在心中默诵福泽谕吉的一段话：

"思想深邃如哲人，心念高洁如元禄武士（日本江户时代的元禄年间，47名赤穗武士以身殉主，从而成为了日本社会中代表忠义的典范。——译者注），具小吏之狡智，拥村夫之体魄，唯此才堪称商业社会合格之才。"

福泽谕吉的这段话阐明了作为一名商人所应具备的各项条件。

首先，必须拥有如哲学家一般深邃的思想。其次，还需具备如元禄武士那样的高尚气节。再次则是"小吏之狡智"。福泽谕吉将日本江户时代底层小吏贿赂时的歪才称为"小吏之狡智"，而商界人士也必须具备这种才能。最后，如农民那样"强健的体魄与不屈不挠的意志"同样也是不可或缺。福泽谕吉认为，一个人如果不具备以上这四个要素，则无法成为商界中的成功者。

这种说法的具体内容一目了然，然而四项条件的顺序却令人深思。第一个条件是必须具备哲学家那样的深邃思想；第二个是高尚的品德；第三个是精明；第四个是勤奋努力。福泽谕吉是我心目中的一位伟人，他在明治时代早期就游历见识了欧美的资本主义社会，并在回到日本后向本国人民介绍欧美商界人士的风范。那是一个纯粹的时代，因此福泽谕吉才会把个人的精明，或者也可以说是商才放到第三位。可是在现如今的日本商界里，却把这一点提到了第一位，紧接着是原来位于第四位的"勤奋精神"，而最重要的"哲学"与"品性"则被抛到了一边。现在的商界人士，实在是有必要重新找回福泽谕吉当初确立的第一和第二条件。

事实上，这个现象也并非仅限于商界。在学术界里，同样也有为数众多的学者专家，他们才华横溢，在知识的海洋中勤奋钻研，然而他们在哲学和品性上却都有所缺失。

有部分学者认为，只要发挥自身才智，勤奋努力，在学术领域发表高质量的论文就算是在学术界取得了成功。但是在这些学者当中，有一些人品行不端、甚至连最基本的哲学理念都不具备。

而且这类学者大都是一副趾高气扬的派头，在与我们交流时总是一副吹毛求疵、不可一世的态度。我对这类学者杰出的学术水平能够给予充分的尊重，却实在没有兴趣听他们指手画脚。在现实中，像这样的"大专家"还真是不少。

　　日本的学者们之所以对商界持藐视态度，其原因就在于他们受到了士农工商思想的影响。日本的学者们对企业与学术界的相互合作持有偏见，进一步说，日本的学术界对与产业界的合作抱有罪恶感。这种罪恶感的根源在于学者们都认为：我们学问人是干干净净的，而商界那些人却都是群肮脏的家伙。这些肮脏的家伙为了敛财，让我们的学问受到了玷污。

　　这种认识是受到了士农工商等级观念中将"商"视为卑劣低等行为的思想的影响，并进而妨碍了"学术界"与"商界"之间的协调合作与发展。

　　前面我已经介绍了石田梅岩的理论。正如他所主张的，商人获取利润与官吏获取薪资、武士获取俸禄并没有区别，因此也就毫无卑劣邪恶可言。世间只应该责难那些存在奸诈欺伪行径的商人，而正经商人是不应该受到指责的。

梅原猛:
一个寻求利他精神的时代

在现代日本社会，由福泽谕吉提出的从商的四个条件当中，哲学与纯粹的心灵这两项都出现了缺失，稻盛先生指出第三和第四条件业已取代了第一和第二条件，对此我也是深有同感。

特别是自日本进入经济高速增长期以来，福泽谕吉的第一和第二条件早已荡然无存，只剩下个人的精明与勤奋这两点。人们不再注重第一和第二条件，而更热衷于通过打高尔夫来强健体魄，打麻将来锻炼头脑，然后剩下的就是去唱唱卡拉 OK，最终使得这个世界只剩下一群心灵空虚、毫无是非观念之徒，这真是让人情何以堪。一旦精神不再纯净，人的品性也就不可能会高尚，这无疑是一件让我们感到悲哀的事情。

此外，正如稻盛先生所言，在学术界也有不少道德败坏，只会虚张声势的专家学者。这类学者是做不出真正的学问的，他们或许能够在学术界暂时一领风骚，等他们一旦离世，他们的学问也将随之消失得无影无踪。我相信，作为一名学者，如果要想让自己的学术在死后依然得到世间的关注与认可，那么自身就必须具备福泽谕吉提出的第一和第二条件。

关于学者的品性，同样如稻盛董事长所言，这与"商人都很肮脏，所以不可与之打交道"完全不是一码事，但是现实中确实有学者将这一点当作衡量学者个人品性的标准。

事实上，在学术圈里，不只是商界人士被认为是"肮脏"的，政治家们也受到了同等对待，同样被认为是肮脏不洁的。所以在日本的学术界内部，不与商人和政治家打交道的氛围尤其浓厚。之所以会存在这种倾向，应该是受到了老庄思想的影响，而老庄思想在这一点上又与马克思主义有着紧密的联系。这使得每当提到要与产业界进行协作时，日本的学者们马上就会认为这是与肮脏的家伙们同流合污的恶行。尽管现在马克思主义的影响已经式微，可是老庄思想的影响却依旧残存。

老庄思想事实上也有不够完善的地方。尽管我个人比较喜欢老庄思想，但是老庄思想认为接近权力是非善之举，这种观点还是存在不切实际之处。日本与中国和韩国有所不同。比如韩国在本质上仍属于儒教国家，因此学者必然会走上从政之路。韩国内阁成员里一定会有两到三名是学者，当这些阁僚辞职后，大学还会迎请他们复归。美国也是如此。可是反观日本，凡涉足政界者即被视为肮脏之徒，再也不得返回大学任教。我认为这种做法实在是不可取。在日本，实践智慧与理论学问成了彼此无关的两件事，这实在是让人感到有些无言以对。

我曾经应日本前首相中曾根康弘之托创办国际日本文化研究中心，结果深受恶评诽谤。仅仅因为我与政治家打过交道，便被贴上了坏蛋的标签。可讽刺的是，若真要细究学者们究竟有多干净的话，就会发现他们也不过是在一心追逐名利。很多学者陷于所在研究部门的人事斗争当中，虽然规模很小，但是实质上与政治家之间的派系斗争毫无区别。

在经历了长年的学术生涯之后，我感觉除了一少部分人之外，实在是没有多少学者在品性上能比商人或者政治家高尚。

不过需要指出的是，迄今为止在曾与商人和政治家们打过交道的学者当中，确实是有不少卑劣之徒，并造成了恶劣的影响。有一些学者纯粹是为了满足私欲才与政治家们搅合在一起。想要指望这些学者从这种利益关系中抽身而出完全是不可能的事情。然而，为了整个社会的进步，光靠学者的力量是不够的，还需借助政治家和商人的力量。我认为，若想真正实现社会的和谐与进步，我们就不能只顾自身利益，还应该为了日本乃至全人类的利益，去向政治家和商人寻求帮助。

就我个人而言，并不认为借助政治家的力量有任何不妥。如果当初不这样做，就不可能有现在的国际日本文化研究中心。能够设立这样一个机构，为全球各地从事日本研究的学者提供帮助，并向全世界宣扬推广日本文化，我相信这是一件善举。事实上，这个研究中心也受到了各国访问学者的青睐，他们当中甚至有人留言道："这样的乐土仅此而已"。听到这些反馈，我为自己能够创办这样一所研究中心而感到高兴，但同时又意识到，如果当初自己也怀有对政治家的抵触心理的话，那么这一切就根本不可能成为现实。

稻盛董事长直言不讳地指出，我们需要树立牢固的哲学理念，保持心态的纯洁，并且还要切实奉行自己应尽的职责。最后这一点尤其重要，因为喜欢说豪言壮语的人往往很多，但是能够予以实践的人却少之又少。

在这里，我认为有必要对劳动的认识进行根本性的转换。马克思把生产与劳动作为其人类观的核心，这种见解是完全正确的。即便马克思主义有错误的地方，这一点也依然是最正确之处。但是我认为他对劳动的理解却又有所偏颇，没能把握住劳动这个概念所蕴含的自利和利他的切入点。我们之所以要通过劳动获取薪水，首先是出于生活的需要，是为了让我们自己吃上美味佳肴，穿上漂亮衣服，住上豪宅大屋。从这种意义上来说，劳动就是为了自利。

但这并非是劳动的全部意义，因为我们同时还需要供养家人，因此劳动又包含了最低层次的利他。干活挣钱的首要目的就是养家糊口，这是最基本的利他。我们也可以把这种行为与鸟类不辞辛劳为幼雏寻找食物做比较，两者都是生物出自本能的利他行为。但是当劳动的目的是为了让企业获取更多利润，让企业员工都不仅能够确保温饱，而且过上有尊严的生活时，这样的劳动更是意义非凡的。

对自己家人的利他行为属于最基本的范畴，而让企业员工过上有尊严生活的劳动则属于更高层次的利他行为。然而这还不够，只有上升到整个国家，乃至全人类这样的第三、第四利他层次时，劳动这种行为才获得了真正的意义。我们现在已经进入了一个必须以此作为我们根本理念的时代。

为了家人和企业而创造财富、获取利润的做法已经包含了利他因素，但这只是第一、第二层次的利他，如果想上升到第三层次的利他，则必须将道德规范纳入意识当中。纵观稻盛董事长一生的作为，我并非是在恭维，仅从制造优良产品这一点来看就已经是在为社会做贡献了。但是稻盛董事长却并没有止足于此，而是更进一步，将获得的利润源源不断地回报社会，这就属于第三、第四层次的利他。正是这样一种行为才使得我们能够充满自信地立足于这个时代。

没有人能只依靠自己在世界中生存。因此，我们要在获利行为中融入道德因素，并让道德和利他因素不断发展壮大。基于以上理念，或许"新资本主义"将会由此诞生。

稻盛和夫：
企业家应该奉为圣经的理念

在追求利润的过程中必须坚持利他，同时，追求利润本身就是实现利他的手段。因此在追求利润时必须做到取财有道，绝对不能为了挣钱就不择手段。刚才梅原先生说的那一番话，我认为完全可以用来奉作我们这些企业人的圣经。细究当今的商界人士是否有将梅原先生所说的"利他"理念作为自身规范，并予以奉行，答案是存疑的。但是不管怎样，如果我们能够谨守刚才所说的老实从商，不走邪门歪道的原则，那么我相信日本的资本主义依然会有光明的前景。即便我们迄今为止没有认真奉行过，只要能够痛加反省，就依然还有机会。

刚才梅原先生的一席话让我想起了二宫尊德。我这个人学识浅薄，提到二宫尊德，能够想到的就只有我在小学时知道的，他身背柴草，一边走路一边读书的形象。但是内村鉴三（1861—1930，日本近代著名思想家。——译者注）在明治时期撰写的一本向欧美社会介绍日本人的名为《具有代表性的日本人》的书中，却把二宫尊德与西乡隆盛（1828—1877，日本著名政治家，明治维新的主要领导者之一。——译者注）和上杉鹰山（1751—1822，日本江户时代人物，第九代米泽藩藩主，他在任内厉行改革，彻底改变了米泽藩的羸弱局面，被日本"经营之神"松下幸之助尊为"水坝式经营哲学"的奠基者。——译者注）放在了同一高度。在这本书中，二宫尊德被认为是一位"取财有道"的人物。

在江户时代末期，二宫尊德仅仅依靠一把锄头、一柄铁锹重振了一个又一个因为不事劳动而沉沦没落的村庄。在二宫尊德看来，这些村庄的衰败不仅仅是因为经济的荒废，同时还应归咎于村民们心的荒废。因此他将"重建"的核心设定为"道德"，注重伦理道德的作用，倾力于劳动观念的树立。与此同时，他对于江户幕府那些无耻的地方官也予以毫不留情的抨击。

　　从二宫尊德身上我们能够感受到极其强烈的道德观，这是一种以江户时代的日本所具有的儒教伦理为基础的道德观。二宫尊德以此作为指导一切行为的规范，一步也不偏离。通过对村民们的鞭策和激励，二宫尊德靠一把锄头、一柄铁锹重建起了一座座早已荒废的村庄。在那个时代，二宫尊德没有使用任何奇谋妙策，也没有依靠任何工业力量。仅仅只依靠众人的努力，就使众多村庄得以重建，让那些业已荒芜、村民濒临饿死的村庄变得富饶丰裕。他应各处之邀，四处奔波，全身心地投入到日本各地的振兴事业中。二宫尊德终其一生，不是通过说教，而是通过实践亲身示范了如何在遵守道德的同时获取利益。总而言之，在勤勉、正直、真诚之处孕育繁荣。

梅原猛：
一个严重的问题就是独立自尊的人越来越少

　　确实如此，日本人已经忘掉了传统的商业伦理。自近代以来，最早开始论述商人——也就是实业家伦理的人当属福泽谕吉，但是现代人对于福泽谕吉的观点却没能予以充分地理解。

福泽谕吉尤其强调了独立自尊的重要性。福泽谕吉认为，如果缺少拥有能力和思想并保持独立自尊的人，那么资本主义现代社会就不可能得到维系。事实也的确如他所言。令人忧虑的是，虽然日本已经完成了现代化进程，可是能够保持独立自尊的人却在逐渐消失。尽管现代化进程不能缺少独立自尊的人，可是随着现代化进程的不断推进，独立自尊的人却越来越少，这不得不说是一个非常严峻的问题。

所谓独立自尊的人就是指拥有"哲学"的人。这里说的哲学并非一定是复杂高深的东西。能够确立自身的生活方式，并能说明其原理，我们社会需要的就是拥有这种"哲学"的人。简而言之就是能否明确树立自身的生活方式。

自明治时代以来，随着日本现代化进程的发展，拥有这样"哲学"的人变得越来越少。虽然日本已经完成了现代化进程，但人们却失去了独立自尊的精神。森鸥外（1862—1922，日本著名文学家。——译者注）认为必须两足并立，这两足，一为东方，一为西方，只有同时拥有东西方素养和独立自尊的人格才是现代日本人的应有状态。但是令我感到忧虑的是，与明治时代相比，现代日本能够做到两足并立的人已经是寥寥无几。

稻盛和夫：
"随大流"无助于民主主义社会的建立

说到当今日本，社会大众的确是陷入了缺少独立自尊的生存状态中。也许我说的话有些难听，"随大流"的处世之道成了主流。换种说法就是，在"以和为贵"的理念下，顺从大多数人的意见被视为正确的选择，而试图秉持独立自尊个性的人则被归为"异端"。就算想要表达自己的见解也要以不违背大多数人的意见为前提，只能点到为止，在主要问题上则必须与多数人保持一致。只要没有"和大佬们保持一致"，就会被认为是在"胡作非为"。我认为在学术界和产业界也存在这样的现象。

然而在真正的民主主义社会里，个人则能够坚持自己的主张。尽管应当遵循少数服从多数的原则，但是自己的意见却可以坚持到底。正确的做法应该是："我不反对你们大家作为多数派的观点，也同意服从主流派的决定，但是身为少数派，我仍然要保留自己的判断。"可是在日本社会里，每当遇到这种情况时，少数派往往就会放弃自己的见解，否则就会遭到孤立。独立自尊是建设现代社会必不可少的一环，令人感到极度困扰的是，这在日本社会里却会被当作异端对待。

正如梅原先生指出的，我也同样认为福泽谕吉所主张的独立自尊精神非常重要。在我们为日本资本主义的未来以及现代文明的现状感到忧虑时，绝对不能忽略独立自尊这个关键要素。

福泽谕吉曾经说过："无独立气概者，不足以忧国。"当今的日本恰恰是陷入了他所说的这种状况之中。人人都缺少独立自尊精神，因此没有人在意国家——也就是公共利益，由此形成了为了获利而不择手段的温床。

梅原猛：
"以和为贵"的真实含义

我本人就是由于一直都秉持着独立自尊的精神，结果被当作异端，吃尽了苦头。稻盛董事长也应该是一直被当作异端人士。针对日元升值问题，您曾经提议日本企业应以涨价

来对应，却因此掀起了轩然大波，在经济界引发了广泛的
争议。

由于缺少独立自尊的精神，人人都需要看他人脸色行事，
这也可以算是日本人的特质。正是由于需要时时揣摩他人脸
色，与大多数人保持一致，最终导致每一个人都只关心自己。
这种做法虽然可以保证四平八稳，却并非是圣德太子提出的
"和"的本意。圣德太子虽然说过"以和为贵"，但他的本意
是指只有以"和"为前提，我们才能让沟通得以展开。沟通
能够让道理得以贯通，并最终将事物引向成功，这才是"以
和为贵"的真正含义。对于一家企业而言，如果老板与员工
之间能够畅所欲言地展开讨论，这才算得上是真正的"和"。

日本人对于"以和为贵"这个概念一直都存在着误解。
现代日本社会所谓的"和"与圣德太子所说的"和"意义完
全不同，现代社会是指当不同的人之间沟通出现对立时就搞
折中、和稀泥。这种做法虽然简单易行，但是对组织的发展
却没有任何好处。像本田宗一郎那样，通过与员工之间的讨
论、争吵，最终创建起了本田公司，这样的做法才是真正的
"和"。正是由于企业的运营总是伴随着激烈的争论，才使得
本田成长为一家世界性的大公司。我相信，一家企业如果不
能做到这一点，是绝对不可能实现成长的。

此外，企业只有在内部展开有效沟通后，才能够堂堂正正地向外界表达自身的意见。通过频繁的沟通，即使在面对强势的美国时也敢于理直气壮地展示自己的态度。可是由于日本企业平时在内部都难以展开沟通讨论，在对外交涉时更是难以启齿，而这最终给自身造成了困扰。无法将自身的文化和思想解释清楚是一个很严重的缺陷，如果日本今后不能出现更多拥有独立自尊精神的人才的话，那么将难以以欧美为对手，在国际上进行竞争。

在这个问题上我是一名欧洲主义者，相信凡是无法对自身的行动做出解释的人不足以立足于国际社会。而在国际社会中的生存能力并不是指会不会说英语，而是指是否具备说清楚"自身道理"的能力，这是一种通用于国际社会的基本能力。

无法进行交流，不能对行为的原委作出说明，我认为这些都属于日本人的弱点，同时又是日本教育的缺陷。我想在本书的最后部分再围绕教育问题进行详细的讨论，但是有必要先指出的一点是，日本的教育必须从根基开始做出改变。

在明治时代，日本还存在着不少拥有坚定的哲学理念、胸怀凌云之志的企业家与政治家。可是自二战结束以来，这样的人却急剧减少。贯穿整个明治时代，长期作为日本人心灵食粮的儒教和佛教的影响依然存在，例如宣扬现代道德伦理观念的福泽谕吉，以及传播基督教思想的内村鉴三，他们两人也都受到了儒教的强烈熏染。事实上，福泽谕吉的独立自尊理念也可以认为是一种否定了上下级关系的现代儒教人格伦理。而纵观身为近代日本基督徒代表内村鉴三的人生轨迹，也能够观察到儒教伦理的深刻影响。此外，近代日本马克思主义的代表性人物河上肇，也同样受到了佛教无我思想的影响。在哲学家里面，以近代日本同样具有代表性的西田几多郎和和辻哲郎为例，西田几多郎受到过佛教的影响，和辻哲郎则受到了儒教的影响。

总而言之，明治时代的日本人都受到了由上一代人传承下来的儒教和佛教伦理的强烈影响，然而这种影响自二战结束后便开始逐渐消失。也就是说，正是归功于儒教和佛教的遗产才使得近代日本人的道德理念得以保存延续，然而这种遗产在现今的日本却早已殆尽。

到这里让我们把话题稍做一下转变。

虽然我不了解具体情况，但是听说即便在当前这样的萧条时期京瓷公司依然能够保证利润收益，这实在是令人感到惊讶。但是我相信稻盛董事长并没有为了确保利润而做任何不正当的事情。正如前面已经提过的，稻盛董事长拥有自己的信念，即便是在必须服从他人意见时也绝不放弃自己的见解，而是将自己的见解保留到底。在对日本经济进行展望时，想必稻盛董事长会拥有与普通经营者截然不同的看法。因此希望稻盛董事长能够摆脱固有观念束缚，无所顾虑地猜测一下什么有可能会成为将来必不可少的产品，以及您对此具体又是怎样考虑的？

我之所以要提出这个问题，也是为了向稻盛董事长请教预见未来的经营秘诀。事实上，就算稻盛董事长能够坦言这些秘诀，也绝非是任何人都能简单模仿的。

稻盛和夫：
过于执著"自身利益"就无法预见到未来

对于这个话题我也不好自吹自擂，刚好就在前不久，我出席了由一位日本著名政治评论家主持的会议。在会上对方告诉我说："稻盛先生，前段时间我参加了一个企业家的团体活动，大家谈起了与您有关的话题。"可是我和对方并没有什么深交，因此就向他询问道："你们怎么会提到我？"他回答道："大家都在说您有一副远视镜。"我不知道远视镜是什么东西，一问之下才得知，就是和望远镜一样能够看远的眼镜。那名政治评论家接下来告诉我说："您似乎总是很有先见之明。大家都在说您能够看到普通人无论如何都看不到的未来。所以每当您准备做些什么时，大家就会紧随其后。可是这些人又实在是看不透未来到底会怎样，结果就只能永远尾随在您后面，不断模仿。如何才能看到常人所看不到的未来呢？"

当时我也只能笑着回答道："我可没有本事看到未来。"可是那天夜里我对于这番话进行了深思，最终只得出来一个结论：如果过于执著于自身事业和利益的话，那么我们的眼界就必然会受到束缚，只能看到自己周围的有限领域，无法把眼光放得更远。然而一旦我们超越自己的事业或正在从事的活动，眼界就会飞跃性地开阔起来。我意识到，或许正是由于在思考时摒除自我，这才使得我总是可以保持宽广的视野。

当我们凡事都不离"自我"时，就会把自身封闭进一个非常狭隘的世界。反之，如果我们能够超越"自我"，那么我们的世界观和宇宙观就会自然地发生改变。我的感觉是，超越"自我"反而能够获益，而一旦执著于"自我"，则必会迷失在世界当中。

在我们打算创业或者制定事业计划时也是同样的道理。例如当初创办第二电电（现 KDDI，世界五百强企业之一，是由稻盛和夫于 1984 年创办的一家电信公司。——译者注），所有人都认为我们"以 5% 的成功概率成功了"。如此看来，这项创业计划"实在是有些冒险"，所以后来我才会被众人赞誉道："你干得实在是太棒了！居然能够取得如此辉煌的成功。"事实上，我自己从一开始就有 90% 的把握能够成功。

梅原猛：
空海传授的以大日如来的眼界作观想的方法

空海（774—835，日本佛教真言宗的开山祖师，曾随遣唐使赴华求道，对后世日本佛教产生过重要的影响。——译者注）曾经说道："居于小我则目为所障。需将小我与大日如来（大日如来是佛教密宗的根本佛，亦为一切诸佛菩萨所出之本原及所归之果体。——译者注）融为一体，即与宇宙众生浑然一体。如此，大日如来便与小我合二为一，此即大我。居于大我，万物自显，能为常所不能。"

这就是密宗的教义。我们要不为小我所支配，而要以大我——大日如来的眼界作观想，如此就自然能够通达一切，万事无碍。

所谓加持祈祷原本是指普通人把大日如来的力量与自己的力量叠加在一起并持续不断地保持下去。总而言之，如果通过宇宙的视角来观察的话，万物自然是一目了然，万事亦能顺利无碍。因此空海所说的加持并不是迷信的说法。

我认为稻盛董事长刚才提到的，由于心灵没有受到蒙蔽，因此才会对万事了然的说法，其实与空海所说的，若能站在大日如来的高度，自然就能够万事通达，智慧也就随之涌现的说法如出一辙。

只是当我们的眼界太远时，又会与现实世界的波长不相符。现在那些热门的评论家大多具有下棋看三步的能力，这种能力不多不少，恰好合适。如若预见十步，乃至二十步的话，就会与现实社会脱节。因此最成功的人士大都具备了下棋看三步能力的人。然而要想具备这种能力，就必须经常改变自己的固有视点，从这种角度而言，看三步与看一百步并没有多大区别。

虽然我也经常得到诸如"梅原就喜欢干些冒险的事情"、"这家伙热衷于孤注一掷"之类的评论，其实就我本人而言，自己从来就没有试图做过任何冒险的事情。我所选择的都是基于长远考虑的"必由选择"，也就是说，我对于自己的决定都有90%的把握。可是在他人眼中，往往只能看到10%的成功几率。因此，每当我将自己的决定付诸实行并获得成功时，总是被大家认为"那都是因为你的运气很好"。

稻盛董事长想必也和我一样。稻盛董事长在做那些决策时其实心中早就有了主意，已经有了90%的把握会成功，可是您的决策却被他人认为是"莽撞冒险"。然而，之所以您敢于涉足险道而无虑，是因为心中无欲的缘故。无所执著，我认为这一点非常关键。

稻盛和夫：
保持"纯粹"的动机对于成就事业不可欠缺

无欲无求，是之纯粹。而心念纯粹又是我们在想要成就一项事业时不可缺少的要素。有一位宗教家曾经说过："行为过程中的纯粹才是至关重要的，并非结果。"他还进一步指出："人一般都倾向于重视结果，这其实是本末倒置。真正重要的是在整个行为过程中，我们是否能够保持纯粹，纯粹自然会将我们引向美好的结果"。

　　然而世俗之人必然会对这种说法产生怀疑，并认为"很多坏人都是大富大贵，老实人却往往命运多舛"，因而认定保持纯粹并无助于我们万事顺心。若是以这种角度来看，似乎确实是坏人多有好报，好人却总是得到恶报。然而想必梅原先生和我一样，都是以二十年，乃至三十年时间为尺度来审视一个人的人生，若依照这个尺度来衡量的话我们就会发现，坏人到底不会有好的下场，而那些为善之人则一定能够得到好报。

　　所以，我认为在思考这个问题时应该把时间作为一个重要因素纳入其中。我相信不管是学者还是企业家，恶人不管如何狡诈，要不了二十年的时间必然败落，如果仅仅只有两三年时间却不足以让我们看到他们的最终下场。短时间内，坏人或许能够横行无阻，老实人则会挫折连连，然而从长远来看，终归还是善恶有报。

　　伦敦曾经有一个由具备特殊能力的医生主持的降灵会。这个降灵会记录了一个自称斯利佛·伯尔其（Silver Birch）的印度灵魂附身于灵媒后的言论。这些言论被翻译整理成了十多册日文书出版。读过这些书你就会发现，这个斯利佛·伯尔其似乎是一个层次非常高的神灵，能够透彻地说出不少哲学和宗教思想。例如他说过："以你们现在的眼光来看，往往都是恶人得利，好人遭难。在我的世界里却并非这样，恶终有恶报，善必有善报。我能从你们的世界一直遍览到我所在的世界，若以这种广阔的维度来观察每个人的人生，就会发现因果报应丝毫不虚。"

迄今为止，我一直都认为只要让自己保持纯粹的念头和行为，那么凡事就不需要执著于结果。这是因为我相信纯粹的行为和念头要重于一切。虽然在经营企业时无法做到完全无视结果，但是我的心态永远都是，即便暂时遭遇挫折，待到二三十年后再回头来看，善恶自然都会各有所报。

梅原猛：
要以五十年为单位尺度来看待事物

一个认真严谨的人要想获得成功，在实业界里需要二十年的时间，学术界则需要五十年。五十年时间我们也差不多都离开了人世，已经是从死后的世界注视这个人间了。也就是说，要等到死后才能知道自己的学术是否得到了肯定。身死之后再被世间承认，这是作为学者和艺术家的乐趣。

正如稻盛董事长所言，短期来看，坏人或许会一时猖狂，但是从长远来看，因果报应其实是公平的。要想把世人一直欺骗上五十年是一件极其困难的事情。进一步说，要想欺骗五十年后的人更是一件不容易的事。就算我们活着的时候绞尽脑汁、巧言令色、行尽欺诈之事，五十年后的人们仍然会给我们做出公正的判决。我相信稻盛董事长想要表达的就是这么一个意思。

就以第二电电为例，我听说在创业之初，稻盛董事长曾经遇到了强烈的反对，当时您陷入的状况可谓四面楚歌。但是您当时坚定地说道，即便只有我一个人也没有关系。那时只有您一个人坚信第二电电一定能够获得成功。您在同僚和伙伴们全都持反对意见的情况下，心中也没有丝毫的疑虑与不安吗？

稻盛和夫：
反复扪心自问是否"动机至善、私心皆无"

当时我心中确实是没有任何的疑虑和不安。仿佛是有神灵在前面引导，我毫无怀疑之念。越是遭到反对，我的信心就愈加坚定，没有丝毫的动摇。打个不恰当的比方，一切就如在梦境里早就看到过一般。

梦中出现的景色，我们在现实中似乎已经去过很多次了，这种情况很多人应该都遇到过。梦中的那个地方仿佛家乡般的亲近，一睁开眼睛，却完全不知道那是哪里。就和这种梦境一样，当初就是因为自己好像曾经做过这么一个梦，所以我确信第二电电一定能够成功。因此在创建第二电电的过程中，不管周围的人是多么的不安惶恐，我始终都心如止水，对我而言，一切就像是顺着一条早已驾轻就熟的道路前行而已。

当然，我也花了数月时间制定和修改创业计划，并为此殚精竭虑，日思夜想。但是我心中反复自问自省的却只有一条，那就是"自己的这个构想是否动机至善，私心皆无?"就如同禅宗喝问一般，我向正在沉思中的自己不断发问:"你自称想要创建第二电电，这么做是不是只是说了漂亮话?你的动机里面有没有任何私心?"

在做出最终决定的数月间，我一直都反复进行着这样的自问自答。由于在内心深处进行了这样一番修行，开始正式着手创办第二电电时，我感到这条创业之路就像自己早已走过了几十遍一样，无比熟悉。

梅原猛：
要能耐得孤独

当我准备写一本书时，在动笔前会有许多想不明白的地方，然而到一定的时候又会变得豁然开朗，犹如一道阳光突然射进暗室。每当这时，我心中就如同到了天堂一般，无尽的喜悦难以言表。这种状况往往会反复出现，持续一两个月，一直到自己相信完全有把握时，才开始查阅相关文献，亲临实地，做各种调查研究，万事俱备后才开始动笔写作。我的书大部分都会在杂志上连载，连载期间我会继续作各种思考和调查。这个过程虽然多少会使最初的创作构思发生改变，但还是能够保持在原定框架之内。这就是我的写作方式，不管是《隐藏的十字架——法隆寺论》还是《水底之歌——柿本人麿论》，都是这样写出来的。现在这些书都已付梓出版，由于自己在动笔时早已深思熟虑，因此对于别人的点评也就没有丝毫的畏惧。虽然动笔之前也曾被人说过"不要写这样一些不知天高地厚的东西"，我却完全是胸有成竹的。

当然，在进行学术创新时，总会出现错误的地方，也确实有人专门挑出我的错误，对我评头论足。这就像是一台机器有颗螺丝没拧紧一样，没什么大不了的，那些批评事实上很快也就销声匿迹了。

在我们进行前所未有的创新时，需要的不仅是勇气，同时也不要怕在某些地方出现错误。人类所有的新知从来就不是一开始就以完美的姿态出现于世。所谓的新视角就是勇于挑战定势和惯例，设定新的前提条件，进行大胆的挑战。

研究民俗学的柳田国男和折口信夫就是开拓了学术新世界的学者，当他们还健在时，他们的学术成就并没有得到世间的认可，甚至还有学者把民俗学称为野蛮学。可是他们的学说在死后终于发扬光大，现如今几乎所有研究古代日本的学者都受过他们的影响。

民俗学现在已经成为众多大学的正式课程，尽管他们的弟子继承了他们的衣钵，将这门学问构筑得日益精深，但是其内容却越来越乏味。柳田和折口的弟子只注重研究体系和学术，反而是柳田和折口本人的相关随笔要更加引人入胜。

柳田和折口对神灵的世界充满了好奇心，而对学术界的评价却毫不在乎。他们对于自己留存后世的不是学术论文而是短文随笔并不在意，在他们不拘形式的字里行间，我们能够感受到发现的喜悦。反观现今那些民俗学者的著述，实在是感受不到发现的喜悦。在日本做学问是跟随效仿，顺着前人开拓出来的道路一直走就是了，这样既稳妥又安全。然而这并不是真正的学问，真正做学问就是要永远向未知挑战。我自己正是这样一路挑战至今。可是现在的日本，几乎已经没有人愿意秉持这种做学问的方式了，学者们都只贪图稳妥安全，结果使得学问越做越乏味。

不管是学者还是企业家，欧美产生了大量远胜于日本的伟大人物。我曾经与一位美国学者进行过交流，那位学者告诉我："在日本人里面如此贬低我的学说的，您是第一位。但是您是我的朋友。既然您提出了强烈的反对意见，看来我对日本文化的理解确实有误。您是第一个指出我错误的人，因此今天能够遇到您让我感到实在是非常的幸福。"然而令人感到愚不可及的是，当时一同在场的其他日本学者却在事后写文章贬损我："对那位学者口不择言，极其无礼。"

从那位西方学者身上，我们能够感受到独立自尊的精神，然而从日本人身上却完全感受不到这种精神。每当外国著名学者访日时，日本学者全都是鹦鹉学舌、亦步亦趋的样子，毫无实事求是的精神。这是最不能接受的地方。

欧美人之所以能够保持独立自尊的精神，一个重要的原因就是他们具备了忍受孤独的能力。由于他们信奉的是绝对唯一的上帝，因此自然能够忍受住孤独。然而日本文化中却没有这种上帝的存在。在日本，只有由众多神灵组成的集团，凡人一旦遭到了神灵集团的敌视，就只有死路一条，因此就算自己好不容易产生了非凡的想法，为了效忠集团，也只能选择放弃。

这里既然说到宗教信仰可以让人耐得孤独，那么我想了解一下稻盛董事长信奉的是怎样的神灵？我本人跟冤魂怨灵倒是有着一些瓜葛。

稻盛和夫：
开创者的条件

我一直都在想，为什么基督教的传教士能够独自一人，或者只是夫妇两个人就甘愿在语言不通、必须忍受孤独的情况下到非洲或者中南美洲这样的地方去传教。而日本神教的祭司却从来不会去做这样的事情。或许这也是日本人无法拥有独立自尊精神的一个重要原因。

此外，我认为在做学问时，光靠一点一滴的累积是无法取得开创性成果的。作为学者，如果缺少灵感和飞跃，就无法产生独创性思想。一提到独创性思维，马上就会有人站出来质疑这样的思维是否论证严谨，是否具有一定的学术价值。如果做"学问"都必须坚持这个套路的话，那么大家最终就只会进行简单推理，而具有突破性的，也就是学者们所谓的"神思妙想"是绝对无法产生的。

总而言之，现实中的那些开拓者，也就是走在最前面的领路人其实都不是学术界的成员。作为开拓者，他们往往都是偶有神思妙想，或是灵感一现，便马上将其运用到现实当中，加以实践。然后才有追随者跟在后面构建理论，最终形成了学问这种东西。

在自然科学的世界里，譬如爱迪生的各种发明和发现根本就没有任何理论基础。当年他突然获得灵感，通过动手实践，最终成为了电气领域的开拓者。现代电磁理论完全是建立在爱迪生当初的那些灵感之上。因此假如我们不承认并鼓励这类灵感和神思妙想，就很难培养出具有独创才能的人才。事实上，爱迪生当年也是受尽了批评和打击，就这一点而言，他的那个时代与我们这个时代并没有太多的不同。

一般而言，凡是钟情于理论的学术大师往往对独创性的东西喜欢横加指责，而那些与这些学术大师一样缺乏创造力的人，往往也都是通过制定和搭建各类理论体系，然后再凭借这些条条框框来专横跋扈。但是我们绝不能向他们屈服。总而言之，要想确保创造性和独创性，独立自尊的精神就显得不可或缺。有鉴于此，对于日本人而言，独立自尊的精神就成了最重要的先决条件。

第三章
共生哲学与循环思想

文明危机的警钟

"竞争进化论"与"分栖进化论"

良知与良心必然会觉醒并让人类躲过危机

稻盛和夫：
文明危机的警钟

在今天的日本，虽然已经有人对于经营伦理的缺失提出过警告，但是大多数人却依然是懵懵懂懂。如果这种情况继续持续下去的话，就不仅仅是企业经营的问题，很可能发展成为一场日本现代文明的危机。

说到文明的危机，近些年来经常被提及的就是环境问题。前几天我在电视上看到中国有几十万住在黄土高原的居民移居到了丝绸之路的起点附近。我曾因太阳能电池的项目到过黄土高原，当时我看到当地人都住在土黄色的山沟里，他们的家就是山崖上开凿出来的窑洞。我那时的任务是为这些居民安装电灯，现在电视上看到的景象跟当年我的所见所闻一模一样。

当在电视上看到黄土高原时，我不禁联想到了曾经和梅原先生谈及的环境问题。中国古代刚刚兴起麦作文明的时候，黄河流域长满了参天大树，完全被郁郁葱葱的森林所覆盖。然而随着文明的发展，为了获取木材，用于各种各样的建设，黄河流域的森林被砍伐殆尽，最终变成了现在这番草木不生的景象。看到黄河文明起源地的荒芜场景，真是让我不寒而栗。

根据梅原先生提出的，农耕文明的诞生将会导致环境恶化的理论，在人类的生存手段从狩猎转向农耕的数千年的时间里，虽然人类文明得到发展和进步，但是人类的农耕行为同时毁坏了森林，并最终导致了环境的破坏。然而这种文明发展模式却一直都在延续。例如，人类在采掘石油的时候，当一口油井被抽干后还会继续向油井里灌入海水，以便将最后一滴石油榨干，这种做法真是让人感到有些毛骨悚然。

为了纠正这种破坏式的发展模式，就有意见认为，人类应该立即停止砍伐亚马孙的雨林，日本也不应该再从东南亚进口木材。然而，这些主张却都存在着严重的缺陷。因为像西方发达国家，例如美国，就是把曾经广袤的森林砍光之后才发展起了农业和畜牧业。欧洲也是同样，不管是英国还是德国都把曾经的森林改造成了现在的牧场。也就是说，在人类意识到环境破坏的严重性之前，这些国家早已经把自己的森林给毁掉了。

有鉴于此，我个人认为，如果不可以砍伐巴西的雨林，那么发达国家也必须在自己国土上扩大植林面积，否则根本没有资格对热带雨林的砍伐提出反对意见。如果不以身作则，那么任何保护环境的尝试都难以付诸实行，因为以"严于待人、宽于待己"的态度去解决环境问题的做法最终只会被证明无济于事。

梅原猛：
企业经营者也有必要学习文明论

最近，京都大学教授野田宣雄发表文章指出："必须在政治中加入文明论概念"，我认为这是一个很好的提议。举例来说，美国有一位叫亨廷顿的著名学者，他提出了"文明的冲突"这个概念。根据亨廷顿的理论，东亚文明是以儒教为中心，阿拉伯世界也同样拥有自己的哲学体系，这两类文明与西方文明截然不同，如果东亚的儒教文明与阿拉伯文明结盟并取代西方文明的话，这将是极为恐怖的。

我认为亨廷顿的"文明冲突"理论在根本上就是错误的。文明有很多种类，彼此各不相同，因此，我们在深刻理解自身文明的同时，还应虚怀若谷地借鉴西方、东亚、阿拉伯等文明，找出自身文明的不足之处，并思考如何使不同的文明共存。只是因为文明之间存在差异，就断定一定会产生冲突，并最终发展成为战争，这样的哲学观极其危险，只会把人类引向毁灭。

然而，美国的一些政治家现在正是基于这样的文明论进行政治判断。对此，日本的政治家必须向他们做出清楚的说明，告诉他们这种文明论的错误之所在。虽然我向日本的政治家们提出过这个要求，但是感到这个要求是不可能实现的，因为在日本现在的那些政治家里面，能够透彻理解这个文明论的人寥寥无几。

稻盛董事长刚才提出的问题实际上就属于文明论的范畴。也就是说，企业家也必须具备文明论方面的知识和观点。我同样主张，不管是对于商人还是企业家而言，文明论都必不可少。环境破坏问题已经成为人类在二十一世纪所面临的最迫切的挑战，因此在进行商业活动时，我们终究无法回避这个问题。

环境破坏始于农耕畜牧文明诞生之时，后来在农耕畜牧文明的基础上又出现了城市文明，这种演变进一步加快了地球环境破坏的速度。事实上，凡是古代文明曾经兴盛过的地方，诸如美索不达米亚、埃及、印度等地区都出现了大规模的环境破坏。并且这种现象在进入工业化时代后愈发严重。

因此，我们必须立刻采取行动，阻止这种趋势的进一步发展，以一种新的哲学为基础重塑我们的文明。依照这种新的文明观，我们必须对利润重新进行审视，这也是二十一世纪的企业家必须思考的一个问题。

日本文明原本是一种珍惜大自然的文明。然而，现在的日本人对于环境问题的认识却要落后于美国和欧洲。相较于美国，欧洲人在环境问题上要更加敏感。针对存在环境破坏行为的企业的拒买运动在欧洲正如火如荼地展开。所以，环境问题对于企业而言已经成为一个非常严峻的问题，是未来企业经营者必须面对的挑战。

稻盛和夫：
摆脱"恋母文明"

我对环境问题比较孤陋寡闻，或许存在着认识不到位的地方。但是，我能感觉到环境问题正变得越来越混乱，并逐渐失去了方向。当前不仅是环境破坏现象没有得到遏制，自工业革命以来的现代文明还进一步导致了环境的污染。在探讨由环境污染和环境破坏共同构成的环境问题时，我认为背后还潜藏着更深刻的原因。

环境破坏是人类有意识的主动行为所造成的，但环境污染却是人类在无意识中造成的。人类对于环境的破坏正如梅原先生所言，开始于数千年前——人类社会的生产方式从采摘转向农耕，后来又从农耕转向畜牧。当时的人类为了获取燃料、修建房屋，或者制造船舶，就去砍伐森林。可是相较于森林的再生速度，人类消耗的速度要更快，这就导致森林规模不断缩小。直到今天，人类仍然不知悔改地从事着破坏森林的行径。此外，从工业革命开始的现代文明催生了环境污染。河川、大气都受到污染，环境问题不断加剧。环境污染与环境破坏成为地球环境问题的二重构造。

环境破坏加上环境污染导致人类在地球上的宜居空间日益减少。事实上，不管是企业家还是学者都已经认识到了这个问题的严重性，我们必须在巨大灾难到来之前敲响警钟，制定相应的对策。

然而，地球和宇宙的宏大使得这些灾害在刚开始时容易遭到忽视，人类最初都不会把这些问题放在心上，而是为所欲为、随心所欲。这就有点像我们把地球当作自己的母亲而任性撒娇一样。

但是现在，当初的小孩子已经长大成人，到了呵护照料我们的地球母亲的时候了。可是我们却没有意识到这一点，仍然不知轻重地在母亲怀里肆意妄为，给她的身体带来严重的创伤。这就像那些已经二十多岁却依然离不开母亲照料的人一样，现代文明可以说是化身成了"恋母文明"。

梅原猛：
"自然是人类奴仆"的误解

正如稻盛董事长所言，在现代人的观念中，自然界只不过是人类的奴仆而已。人类自以为是地认为，只要对大自然了解得越多，就越有助于人类利用大自然，这种了解也就是科学技术。这种认识广泛地见诸于笛卡尔和培根的哲学思想当中，在二战后流行于日本的美国哲学家杜威的哲学思想中也同样清晰可见。总结他们的哲学观点就是："人类原本一直都从属于大自然，进入二十世纪，随着科学技术的发展，人类第一次拥有了奴役大自然的能力，人类终于可以战胜大自然了，这才是真正的文明。"

但是，"大自然是人类奴仆"的观点其实是大错特错。大自然本来是人类之母，在母亲的精心照料下人类才得以长大成人，可是人类却因为母亲没有顺从自己的意愿而横加施暴，想要把母亲改造成为对自己言听计从的奴仆。把母亲当作奴仆是一种严重的错误，大自然这位母亲现在正受到人类的奴役，正如稻盛董事长所指出的那样，大自然正由于环境破坏和环境污染而精疲力竭，因此眼下最紧迫的一件事就是要找到拯救地球母亲的方法。

在日本家庭里，父亲的存在感大多非常淡薄，因此在日本小孩心中，有事情就会首先想到母亲。而相较于父亲，母亲更容易娇纵溺爱自己的小孩。在这一点上欧洲与日本有着极大的区别，在欧洲，父亲在家庭中是一种威严的存在。

在欧洲社会里，一提到乱伦，更多的是发生在父亲与女儿之间。而在日本，却往往发生在母亲和儿子之间。当儿子围绕着性问题产生各种各样的烦恼时，母亲往往就不得不替儿子解决这些困扰。正是基于这种精神状态，日本人才会把大自然视为母亲为所欲为。不管如何肆意妄为，母亲总会宽恕我们。然而问题是，因为我们的任性我们的母亲已经筋疲力竭，无法再这样坚持下去了。

针对环境问题，我想出的一个解决之道就是"共生"。前一阵子在一个由日本政府举办的环境问题座谈会上，稻盛董事长指出"只有共生也不行，还必须在保持竞争的同时实现共生，如果没有竞争只有共生的话，社会就不能得到发展"，并且稻盛董事长还提出"不仅要共生，还需要引入竞争"的倡议。在这场座谈会最终发表的报告里，确实加入了稻盛董事长所提出的竞争概念。对于稻盛董事长的这个观点本人深感钦佩，并且希望稻盛董事长能够围绕这个主题做出进一步的说明。

稻盛和夫：
共生与竞争

　　共生与竞争容易被误解为两个对立的概念。如果单从字面上来看，这种误解也确实有一定的道理。但是从更高的层次来理解，就会发现共生其实包含了竞争。要想实现共生，就必须在共生内部建立一条进行激烈生存竞争的通道，折中敷衍是无法实现共生的。

　　我们就以"食物链"为例，一种生物以另一种生物为食物，而这种生物又成为其他生物的食物，就是在这种食物的链接关系中，动物的生存环境才得以建立起来。

　　众所周知，在非洲大草原上每时每刻都上演着"弱肉强食"，也正是通过这种方式才使野生动植物的生存空间得以完善。肉食动物捕食草食动物，也是实现共生的要素之一。如果非洲大草原上没有肉食动物，完全是草食动物的天下，那么数量过多的草食动物就会把大草原上的植物啃食殆尽，最终导致所有生物种群的灭绝。因此，正是肉食动物与草食动物之间的竞争才使非洲大草原的生态得以平衡。

我们经常能够看到狮子和猎豹在捕食时，捕捉到的猎物往往都是草食动物群逃跑时的落队成员。落入猛兽掌中的基本都是身体羸弱的动物，那些由于年龄太大或者年龄太小无法跟上动物群，或者因为受伤等原因跑不快的动物最终沦为捕食者的猎物。并不是所有这类动物都会成为牺牲品，但是它们中的大多数都无法避免这种结局。为了实现共生，就必须存在竞争，因为没有竞争就不会有共生。

举一个例子，就像佛教中的"小善"与"大善"。所谓"小善"就像是父母对子女的溺爱，而"大善"则是父母秉承"玉不琢、不成器"的理念对子女进行严加管教。父母对子女的严厉并非基于"小善"，而是出于他们对子女的大爱。我认为"小善"并无助于共生的形成，只有"大善"才是形成共生的基石。

有"小善为大恶，大善似无情"这种说法，比如父母把年幼的孩子送去当学徒，这种做法看上去似乎很无情，对孩子而言，这也确实是一件充满痛苦和磨炼的事情。但是父母只有让自己疼爱的孩子经受严酷考验，才能让他们得到真正的成长。那些舍不得让孩子吃苦受累的父母，看上去似乎很疼爱自己的孩子，但实际上他们的选择只不过是一种"小善"，他们的疼爱将妨碍孩子的成长，所以这种做法更像是一种大恶。

如果所有人都试图通过"和稀泥"的方式来谋求共生，这种做法绝对无助于共生的实现。我认为，凡是排除了严酷生存竞争的共生都是毫无实际意义的。

梅原猛：
"竞争进化论"与"分栖进化论"

达尔文的"进化论"认为动物是通过相互竞争完成进化的。与达尔文的观点相反，今西锦司（1902—1992，*日本著名动物学家和生态学家。——译者注*）却主张生物并非总是在进行竞争，只有在特殊的场合竞争才会出现。例如蜉蝣有非常多的种类，这种生物是分栖生存。今西锦司试图利用

"分栖理论"来解读整个生物界(今西锦司认为达尔文的"适者生存"竞争进化理论并不符合事实,生物会依照需要自然进行进化,因此自然界并不是生物的角逐场,而是和平共处的场所。——译者注),在"分栖理论"背后还有西田几多郎(1870—1945,日本哲学家。——译者注)"场所理论"的身影。"场所理论"未将人类和自然当作实体,而是把关注的重点放在场所,也就是人类和自然发生相互关系的所在(西田几多郎称其为"无"的场所)。不承认实体,而基于场所和关系进行判断和思考,这一点可以认为是受到了佛教的影响,而"分栖理论"则更像是经由东方哲学修正后的达尔文生物理论。

正如稻盛董事长所言:"我们不能否定生存竞争,如果没有生存竞争,生物之间的共生就无法实现。"进一步按照我的观点来解释的话,"在生物界,强者以弱者为食实际上是实现强者与弱者共生的前提",这个观点可以说是达尔文理论与今西锦司理论的结合。

迄今为止,我一直都赞同今西锦司的理论,但是,回首往事就会发现,我也是通过一路竞争才走到了今天。因此,我认为必须确立一个能够兼容达尔文理论与今西理论的新理论。如果只谈共生则有伪善之嫌,至少稻盛董事长提出的

"共生与竞争"理念是出自严酷的生活实践。

一说到共生，我就会联想起这样一件事情。在京都的我家住宅附近有野猪出没，把我家院子里的竹笋啃了个一干二净。刚开始时我还以为这些竹笋都是被人偷走的，后来看到吃剩下的竹笋才知道是野猪的"杰作"，于是第二天我把院子围了起来防止野猪再次进入。这当然是一种否定共生的做法，结果在那一年，我的邻居晚上回家的时候，看到一头体型硕大的野猪横躺在我家门前，大概这头野猪是来抗议我的共生理论名不副实吧。

稻盛和夫：
让人真实感受到地球生态平衡的"玻璃球中的世界"

"地球作为一个生命体"又被称为"盖亚"（*希腊神话中大地女神，又称地母。——译者注*），现在最让人担心的就是她的生态系统正在失去平衡，臭氧层被破坏，二氧化碳排放等问题也日趋严重。用极端一点的话来说，我对人类数量的过度膨胀怀有巨大的危机感。目前，地球上的总人口已经达到了 70 亿，"地球号"这艘航行在宇宙中的大船是否容纳得下所有人类，实在让人感到忧虑。

我的女儿曾经买过一个很有意思的东西。那是一个完全密封的球形玻璃容器，里面大概有三分之一的空气和三分之二的海水，还用沙子堆出了模拟陆地。此外还有数条虾和海螺，以及数十种细菌，同时还有藻类。养殖在海水中的藻类通过光合作用吸收二氧化碳排出氧气，虾和海螺在吸收氧气的同时又以藻类和细菌为食，然后虾与海螺的排泄物经由细菌的分解为藻类提供了营分。在这个玻璃球中形成了一个完全封闭的生态循环体系，这个生态循环体系模仿的正是地球。

我一问才知道，这个玻璃球原本是由美国国家航空航天局开发出来的，被日本商家仿造出来作为商品出售。我女儿看到这个售价 3 万日元的玻璃球，觉得"非常有趣"，于是就买了一个。这个玻璃球生态系统确实很有意思，放在太阳光下时，海水会出现蒸发现象，然后在温度较低的玻璃内壁上凝结成雾，再像下雨一样滴落下来。白天蒸发的水在遇到夜晚的冷空气后，又会凝结成露珠沿着内壁滑落，从而让我们对自然界的水循环原理一目了然。

一般而言，一旦被封闭在一个玻璃球里，生物不久就会死掉。但是在这个玻璃球里虾和海螺却生存了很长一段时间，这让我感到非常惊讶，这简直就是一个微型地球。动物吸收氧气排出二氧化碳，植物吸收二氧化碳排出氧气，这两者之间形成了一种微妙的平衡。这种微妙的平衡稍有闪失，整个生态系统就会彻底崩溃，所有动物和植物都将遭到灭顶之灾。这跟食物链是一个道理，生态系统的任何一个环节如果被切断，整个链条上的所有生物都将就此灭亡。

并且，只要温度变化或太阳光的照射方式稍微有改变，这个玻璃球中的生物就很容易死亡，因此，通过这个玻璃容器我们能够清楚地了解到，生态系统建立在极其微妙的平衡之上。总而言之，这个玻璃球给我留下非常深刻的印象，我们赖以生存的地球环境也同样是建立在非常脆弱和微妙的平衡之上。

梅原猛：
现在正是"新秩序"崛起的前夜

尽管我们目睹了各种各样的末世现象，但是，我认为这只是一个崭新秩序即将确立的前夜。我们终于发现，迄今为止以人类为中心的思维方式，尤其是在当今日本非常普遍的、以满足自身欲望为一切行动出发点的思维方式终究难以维续。

人类正处在一个需要与其他所有生物谋求共存的转型期中，至少我认为我们正处于这种环境当中。

当然，即便是人类要想实现共存都是一件非常困难的事，因此人类与动物，人类与植物之间的共存就更是难上加难了。然而，如果我们不勇于突破这些困境，就无法走向未来，因此我们现在必须拿出忍受阵痛，努力构筑新秩序的无畏气概。

此外，关于循环这个要点，我们必须重视刚才提到的生态系统循环问题。现代文明必须重新认识生态系统循环的重要性。例如，到目前为止，我们开设工厂进行生产时都只重视产品的制造，而对于如何处理因此产生的排放物却并不关注。

连我们的身体都知道要把我们吃下的食物转变成大便和小便，以便能够简洁地予以处理。然而，我们的身体都能做到的事，人类开设的工厂却做不到。人类的大小便不加任何处理便进行排放，水俣病事件也是由类似的原因引起的。人类工厂有必要向我们的身体看齐，应该让它的排放物还原到大自然当中而不造成任何污染。也就是说，人类的工厂同样必须顺应大自然的循环机能，这可以说是一种循环。

与此同时我还在思考另外一种循环。迄今为止，日本人都把进步当成一种理想来信奉，人类认为自己可以不断地征服大自然，并通过征服大自然来增加人类的财富，而通过这种方式实现的财富的无限增长即被视为进步。但是，我们现在可以看到，这样一种无节制地通过支配大自然来榨取财富的观念只会把人类引向地狱。人类必须保证与大自然的共生，并将这种共生延续下去，这也属于是一种循环。

在日本各地，我们依然可以随处接触到残存下来的大自然，这是一件值得高兴的事情。小孩子很容易为与大自然进行交流而感动，他们看到昆虫会喜悦，看到海贝会兴奋。这正是人类与大自然之间最直接的交流。如果人类与大自然之间这种充满感动的交流能够永远持续下去，那么我把这也称为一种循环。为此我们就必须改变对于进步的认识。所以，当前世界各地频繁发生的恶性事件，都能够解释成为一个新时代到来前的混乱。

稻盛和夫：
良知与良心必然会觉醒并让人类躲过危机

尽管在当下的日本乃至全世界范围内，各种末世现象不断发生，环境破坏问题也变得日趋严重，但是我们不能悲观，我相信人类的良知与良心一定会觉醒，并最终帮助人类躲过危机。为了做到这一点，已经觉醒的人们必须担当起应尽的职责，并持之以恒地坚持下去。

前面我已经说过，对于环境问题有两点必须予以重视：第一点是人类有意识地进行的环境破坏，具体例子如热带雨林的砍伐；第二点则是无意识的破坏，也就是导致环境破坏的污染问题，譬如空气和水资源的污染。我认为在思考环境问题时，必须将污染与破坏加以区分。人类通过挖掘土地开采石油和煤炭，为了获取造纸原料砍伐森林，这些就是我们对大自然进行的直接破坏。与此同时人类还在不断地污染着空气和水资源。在思考"环境破坏"问题时，不能把这两者混为一谈，只有严格区分两者，才能找到解决环境问题的有效途径。

梅原猛：
与文化和经济相比，日本应在更重要的环境问题上做出贡献

细川护熙担任日本首相时曾经组建过一个叫做"环境问题座谈会"的环境问题咨询组织，我本人也是这个组织的成员。

　　环境问题座谈会于 1995 年 1 月提交了最终方案，并大致做出了三项提议。第一项是要在环境问题上展开国际合作。这是一项非常重要的提议，因为如果不在环境问题上加大力度，日本将难以在国际社会中生存下去。第二项是设立一个环境问题研究机构。这是一个类似环境战略中心的，在世界范围内收集相关数据和资料，并切实提出环境对策的机构。第三项就是要促进环境教育。以上三项提议正是环境问题座谈会最终报告的三个支柱。

　　这份报告向当时的日本首相村山富市提出时，恰逢阪神大地震发生。由于地震救灾要优先于环境问题，因此这份报告被束之高阁。虽然地震救灾非常紧迫，但是环境问题是二十一世纪最重要的课题，如果日本政府今后不重视座谈会所提交的三项提案，那么必将导致严重的后果。

　　尤其是提议中的第二项，关于建立一个针对环境问题的实用型研究中心的提案，尽管日本环境厅对此早已筹划，但我还是希望日本政府能够担负起责任，切实加以实行。

　　作为环境问题座谈会的成员，我们在前往世界各地考察时，强烈感受到日本在环境问题政策上的滞后，相较于欧洲和美国而言更是如此。在欧洲和美国，负责环境问题的机构拥有详尽的相关数据。反观亚洲，环境破坏到底是怎样一种状况，却是一笔糊涂账。正是由于日本在环境问题上行动迟缓，才导致亚洲的环境破坏仍在不断加剧。因此，日本应该认真收集亚洲的相关数据，并帮助亚洲其他国家在实现现代化的同时降低环境破坏的程度，我认为这是日本作为亚洲最发达国家所应尽的义务。

前些日子我与稻盛董事长一起访问了中国，在访华期间，我们得知中国的环境破坏也在不断加剧，并陷入越来越糟糕的境地。还有中国人告诉我们，现在长江里的鱼越来越少，再这样下去的话会连鱼都吃不上了。在中国的北方地区，沙漠化问题也日趋严重，让人感到非常棘手，预计到十年、二十年后会进一步恶化。有鉴于此，如果日本能够为中国提供经验和技术，使中国在有效应对环境问题，阻止环境恶化的同时，又能保证经济增长的话，想必中国一定会对此表示欢迎。

在本书第四章将谈到我们协助中国发掘良渚遗迹的详细过程，我认为相较于这样的经济援助或者文化交流，在环境方面的援助更加重要。事实上，在与中国的学者进行对话时，他们也表露出希望我们设立研究环境问题对策机构的强烈意愿。

在这些交流中，让我深受触动的就是中国人在言谈之中所表现出来的"必须要设立环境问题研究机构"的决心。虽然稻盛董事长还能保持昂扬的斗志，但是我本人却已年逾七十，有些力不从心，只剩下动笔写写书的意愿了。可是在访问中国期间，在获得中国学者们的激励后，又重新觉得自己必须在剩下的人生中尽一份力。

学者躬身实践的做法，在日本社会里往往不会得到认同。日本的知识分子一般都怀有定势思维，认为学者不应该涉足现实俗务，那本应是政治家和企业家的事情。

但是我的看法却有所不同。人的价值并不仅仅体现在知识层面，只有通过行动才能让一个人的价值真正得以实现。从儒家的角度来看，这属于阳明学派思想体系的内容。朱子学是让幕府体制得以合理化的学问，而在现实社会中，真正发挥作用的则当属阳明学体系。大盐平八郎（1793—1837，日本江户时代晚期阳明学派儒者。生前因为力行为民举措，因此受到明治维新志士的推崇，成为自由民权论者攻击专制政府的一大精神支柱。——译者注）等人就是具有代表性的阳明学者。而吉田松阴（1830—1859，日本江户时代晚期思想家、教育家，明治维新的先驱者。——译者注）和西乡隆盛（1828—1877，日本江户时代末期政治家，明治维新的重要领导人。——译者注）也同样属于阳明学派。在当今学术圈里，很多朱子学派的学者其实都继承了阳明学派的传统。

稻盛和夫：
是否具备勇于付出、自我牺牲的觉悟

我本人也是梅原先生担任委员的环境问题座谈会的成员，但是基本没能发挥什么作用，不过我还是觉得这个座谈会最后的提议非常好。正如梅原先生所说，为了让人类在二十一世纪能够继续生存下去，即便日本当前面临着极大的困难，我们也必须为了未来，担负起自身应尽的职责。

针对亚洲各国所遇到的环境污染问题，日本有很多分析设备，完全可以把这些设备配置给这些国家。我相信通过检测可以获得大量的数据，虽然检测这些环境依靠的都是日本的技术和资金，但是日本也应该把收集到的所有数据都完整地提供给相关国家，如果可能的话，还应为其制定具体方案。这些援助其实并不会花费太多的资金，所以我认为应该由日本政府来承担这些工作。这不仅是在帮助他人，同时也是实现睦邻友好的重要方法。

关于您刚才提到的和"共生与竞争"并肩而立的循环理念，这种循环若与梅原先生刚才指出的进步和发展相脱节的话，不仅不会带来发展，某种意义上甚至有可能导致停滞。

如果是这样的话，我们完全可以预见亚洲、中南美洲、非洲等努力推动经济发展的地区，势必会对这种以循环为主的模式做出排斥反应。因此，我们就不得不做好心理准备，这些发展滞后地区必然会质疑："这种模式对于美国、日本等发达国家也许不会产生太大问题，但是对我们这些想要发展经济的发展中国家又有何益？"并进一步认为"保护环境、维持循环的主张只不过是发达国家基于自身利益的一厢情愿而已"。对于这些质疑，我们有必要想好如何去应答。

为了实现共生，循环理念的确不可欠缺。与此同时，我们又无法否认，为了实现共生，需要伴随着一定的"牺牲"。自然界里的循环，例如食物链中存在的弱肉强食原理，肉食动物以草食动物群中的掉队者为食物。正是这样，通过草食动物一定程度的牺牲使得整个食物链保持完整。

我们不能把这个例子原封不动地套用于人类社会，但也不能无视其中蕴含的道理。作为人类，我们具有主动牺牲的精神，也就是说，还存在着一条通过自我牺牲来实现共生的道路。

对那些落后的发展中国家的人而言，期待获得经济上的发展是可以理解的，如果要把共生和循环理念强加给他们，自然会被认为是发达国家的自私。我认为应该允许发展中国家实现一定程度的发展，与此相应，我们这些发达国家需要主动做出牺牲。当然，这种选择毫无疑问会使我们现在的生活质量有所降低。例如，如果发展中国家一起消耗有限的石油资源，发达国家的能源消耗量势必降低，能源消费也将失衡，为此我们就必须首先扪心自问："我们是否愿意接受这种需要付出巨大牺牲的共生理念？"

假如人口两亿六千万的美国、一亿两千万的日本、两亿数千万的欧洲等发达国家和地区将人均能源消费量减半（同样可以看成是把生活水准也降低一半），与此同时，十三亿中国人把人均能源消费量提高到现在发达国家人均能源消费量的一半，那么增加的部分将会超过减少的部分。如果我们再把印度的九亿人口也包括进来，我们这些发达国家的人均能源消费就会降低到现在的三分之一。

可是如果我们对于这种变化有任何疑虑和抵触，至少在现阶段，我们找不到能让所有人都过上同等幸福生活的办法。终究会有一天，由于"地球号"这艘宇宙船再也无法容纳所有人口，我们大家只能不断降低自己的生活质量。有鉴于这种可能性，我不得不指出，我们现在正处在一种严峻的状况中。

正如梅原先生所指出的，我也认为人类的智慧不会枯竭，在我们所说的最坏状况出现之前，或许人类能够找出新的办法来解决能源问题，因此现在也没有必要过于悲观。

梅原猛：
构筑循环型工业社会

在循环这个概念中包含了各种各样的理念，因此当某种理念导致发展停滞时，并不意味着其他理念同样也会否定现在的工业社会。

例如印度教的思想被称为循环型思想，若能以印度教的思想去改造工业社会发展模式，那么不仅不会抑制工业生产，反而会催生出新的循环发展模式。例如，现代工业社会"胃口"很大，由于"肠道"机能过弱，不仅会产生大量的残存物，而且产生的排放物也无法有效安全地还原到自然界中。因此，如果我们能够确立一个有效净化工业排放物，并使之重新进入再生产的工业体系，那么不仅不会与循环思想相抵触，同时也不会否定工业发展。

事实上，江户时代的日本尽管不是工业社会，但仍旧保持着一个循环型的社会。我曾经听河合雅雄（1924—，日本著名动物学家，以灵长类动物的研究为主。——译者注）先生说过，自远古以来一直到明治时代之前，在日本没有一种生物物种灭绝，这或许应该归功于在此期间，日本的社会形态一直都维系着循环体系。例如，人类食用各种农作物，然后转化成大小便，再作为肥料被各种农作物吸收，这些农作物再次被人类食用，这样的流程就是所谓的循环。

当然，对于这样的观点一定会有人站出来反驳，指出"只有在农业社会中才可能实现这种循环"。可是就算在农业社会，在人类历史长河中也依然能够看到许多砍伐森林、灭绝动植物的例子。早在公元前三千年的美索不达米亚的吉尔伽美什王朝，就曾经出现过这样的实例。吉尔伽美什在麦作农业和畜牧生产方式的基础上建立了人类最早的城市文明，据说吉尔伽美什在成为国王后，他做的第一件事就是杀害森林之神洪巴巴，这个传说实际上就暗藏了将破坏森林视为文明行为的寓意。我认为所谓的"进步"思想正是由此产生的，因此农业以及畜牧业也有部分属于非循环型生产。从那些通过破坏大自然来发展农业和畜牧业的人的角度来看，或许他们会反驳说："循环体系只有在狩猎和采集社会里才有可能实现。"但是我相信，工业社会同样可以成为一个循环型社会。

如果把共生与循环这两个概念进行比较的话，我认为可以给出这样的定义：以现在为时间轴，共生能够把我们的生命和其他所有生物的生命横向连接在一起；而循环则可以把所有生命纵向连接在一起。

我对循环这个概念的切身感受来自于我在乡间带孙子时的体验。在乡野间，我领着孙子就像小时候一样上山去捉知了，或者到海边去钓鱼、捡贝壳、采海葵、捞海胆。

如果仔细算一下的话，捉知了的孙子是我的第二代子孙，而被捉的知了则是我小时候捕捉的知了的第几十代子孙了。那些鱼和海葵也同样是我当年捉到的那些鱼和海葵的第几十代子孙。数十年的时间早已流逝，我们彼此都有了自己的子孙后代。

人与自然的这种相遇与相别就这样永远不断地持续着。在我看来，这样一种纵向的联系却早已滑出了现代人的视野。如果现代人这种肆无忌惮的人生观成为主流，我们的地球将会被彻底污染，等到了我们后世子孙的时代，地球将不再美丽。有时候我会想，如果没有知了和海葵，那么我们活着又有什么意思呢？我希望不管到任何时代，在山林间能够听到知了的鸣叫，到大海里可以看到海葵，希望这样一种自然状态永远都能够存续下去。我想要提倡的正是能够让人与自然可以永远共存下去的循环。

在这个原则的基础上，如果再能推动发展中国家的进步与富裕，那么就最理想不过了。的确如稻盛董事长所指出的，正是这一点最难做到。但是我坚信，如果以人类的生存为原点或原理，而缺失了共生与循环理念，这个世界就不可能有任何前途。

稻盛和夫：
人们的意识的确正在发生着变化

我现在正在主导与绿色能源，也就是太阳能电池相关的项目，这个项目从起步到现在已经经过了二十多年。1994 年日本政府实施了一项政策，普通家庭如果在自家屋顶安装发电量三千瓦的太阳能发电设备，政府将补贴近一半的费用。

安装三千瓦的太阳能电池大概需要 600 万日元，日本政府将负担其中的 270 万日元，剩下的 330 万日元由住户个人承担。当时以"大家都在自家安装太阳能电池，利用大自然绿色能源一起来发电"为口号进行了积极的宣传，结果安装申请蜂拥而至。

然而政府的预算只有 20 亿日元，因此只能为 700 家住户提供补助，最终只能通过抽选来决定补助对象。但是在落选的人当中，在需要自己全额承担 600 万日元的情况下，有人也坚持安装太阳能电池。对此，我心中感到非常高兴。

虽然太阳能电池的使用寿命能够超过三十年，但成本还是要高于普通的商业用电。即便如此，还是有人选择太阳能电池。在这些人当中，有人这样说道："我有 600 万日元的存款，现在银行的利息只有百分之二到三，靠这 600 万日元的存款每年也拿不到多少利息，可是如果用这 600 万日元来安装太阳能电池，还能满足家中的用电需求。只要最后能够为我节省相当于存款利息的电费，我就已经很满足了。与其把钱放在银行里，还不如把钱放到我自家的屋顶上，每当想到自己能够做一些有利于地球的事情，我心里就感到由衷的欣慰！"

这些心怀美好理念的人的话实在是让我感动不已。

此外，以保护地球环境为前提，我们研发出的另外一个产品就是打印机。一般打印机在打印了五六千次之后硒鼓就会产生磨损，所以必须更换。通常制造厂商都是依靠更换硒鼓这种打印机关键零部件来获取利润的。

问题是，这些更换下来的硒鼓成为了数量庞大的工业废弃物。由于无法全部回收，打印机制造厂商就把从全世界回收的硒鼓都运到中国进行再生利用，这实际上是在向中国输出公害。我认为这种做法很不妥当，因此我们研发出了半永久性的硒鼓，并将装有这种硒鼓的打印机投放市场。我们研发出来的这种硒鼓一直到打印机寿命终结（大约 30 万页的印刷量）都不需要更换任何零部件，只需不断填充墨粉就能一直打印下去。但是，这也使得我们生产的打印机的价格高居不下。当我们准备把这种打印机投放市场时，很多人都认为这样的打印机绝对不会有什么销路，因为它的价格要比普通打印机贵百分之三十到四十。

于是我们就转而向人们的良知寻求帮助，把"这是一台地球环境友好型的产品"作为我们的宣传核心。其实由于消耗大量的纸张，打印机这种设备实在算不上是对地球环境友好的产品，不过我们还是以"不需要更换一次性消耗品，不会污染地球环境的打印机"为口号，正式在欧洲、日本和美国市场推出该产品。

这款打印机在美国市场反应平平，但是在欧洲却获得了办公设备大奖，有的企业即便是在购置成本增加百分之三四十的情况下也依然选择购买。在日本市场中情况也是相同，一些具有极高环境保护意识的企业甚至提出要用我们这个产品替换所有现有打印机。

现代人的环境意识已经有所提高，对于那些地球环境友好型的产品即使价格有些昂贵也同样愿意接受，这是让我感到欣喜的一个好现象。

此外，我们公司还参与了另外一个产品的研发工作，那就是利用太阳能电池驱动的汽车——太阳能汽车的研究和开发。尽管京瓷公司的技术人员提出研制生产太阳能汽车的建议，我倒是认为"京瓷没必要捣鼓汽车这种东西"。现在不少大学等研究机构都在研发太阳能汽车，他们所使用的太阳能相关设备都是由京瓷提供的。京瓷技术研发的太阳能汽车不仅参加了横跨整个澳大利亚的太阳能汽车拉力赛，还参加了在日本的能登半岛举办的太阳能汽车比赛。

虽然离实用阶段还很遥远，就目前而言还只是一个梦想中的技术，但我相信这个梦想总有一天会变成现实。我们无法否认，有一天技术将会超乎我们的想象。在思考未来时我们应该保持乐观而不是悲观，但是在具体实施时，我们又应该保持悲观而非乐观。我认为这才是让我们获得成功的诀窍。

梅原猛：
只要脚踏实地地展开行动，新的技术一定能够诞生

　　欧洲人十分排斥对环境有污染的产品，因此欧洲的企业都会自觉地回避与环境保护相抵触的行为。欧洲消费者在这一点上要比日本消费者更加先进，不过日本消费者今后也会逐渐向欧洲消费者靠拢。尽管在日本企业中拥有这种思想的人还不是很多，但我认为这必将成为当今时代的潮流。

　　西欧人虽然拥有征服大自然的自然观，可是环境意识却又非常强烈。与之相反，尽管日本人在传统上怀有自然与人合一的自然观，但不可思议的是，在环境问题上却显得非常冷漠。

　　对于这个现象，我是这么认为的：日本的学问基本上都是效仿欧洲，而并不是在用自己的头脑进行思考。日本从欧洲引进了现代思想，一直到今天都奉为圭臬。反而是欧洲人自己开始对创建起来的现代社会产生了疑问，并正在寻求解决途径，用来消除现代化所造成的种种问题。为此，欧洲思想家试图构建超越现代思想范畴的新思想，也就是后现代主

义。而在日本，一提到后现代主义就会联想到右翼思想——也就是日本式思想，因此被众人敬而远之。现在日本思想界的核心人物大多还是近代主义者。

不管怎么说，如果花 600 万日元就能够在自己家里安装一套太阳能发电设备的话，那么我也会购买一套。事实上，我曾经对太阳能电池的发展感到非常不满，因为我觉得不管是政府还是企业都以太阳能发电成本过高为由没有认真展开研究。毋庸置疑，假如有一天核能发电无法再延续下去，而石油和煤炭资源也消耗殆尽之时，太阳能发电技术必然会出现飞跃性的进步。因此我常常在想，如果现在就开始对太阳能发电技术展开研究，肯定能够研制出成本低廉的设备。正是因为各家大企业目前都还可以继续利用现有技术确保利润，所以根本不愿意去做这种不能带来利益的事情。

即便如此，我还是感觉到企业的环境意识已经开始发生变化。我父亲以前是丰田汽车的技术人员，他负责花冠和皇冠车型的设计工作。有一本汽车杂志曾经刊载过我父亲与我之间的对话，当时我父亲就说道："汽车将来会利用太阳能电池来驱动，这样的时代一定会到来。"这也就是稻盛董事长所说的太阳能汽车。坦率地说，我本来一直认为父亲是一名"只要利用现在的技术能赚钱就行了"的技术人员，因此当我发现父亲心中的这个想法时，着实有点吃惊。

我并不清楚父亲当年是否怀有一定要开发太阳能电池驱动汽车的念头，是否尝试过要将这个念头付诸实行。不过当初丰田公司将主打业务从纺织机转向汽车时，我相信是冒了巨大的风险的。而推动这种转变的丰田喜一郎（1894—1952，丰田汽车公司的创始人，日本汽车工业的先驱者。——译者注），当初就是在他父亲丰田佐吉的反对下踏出了第一步，而现在丰田的巨大成就也正归功于丰田喜一郎当年的冒险之心。日本产业界或许又到了着眼新时代，展开冒险的时候了。

我们在这里再稍微把话题转变一下。刚才稻盛董事长提到"在制订计划时要保持乐观，在具体实施时又要保持悲观"，这种说法可以说是金玉良言。我在计划实行时同样也是永远都做着最坏的打算。只有做了最坏的打算，才会不论出现任何结果都不会感到灰心或绝望。

我在写作时，曾经有过在创作的过程中才发现"没办法再写下去"的经历。有那么两次，我本来已经完成了构思，感觉不会有什么问题。可是，在实际写作时才意识到，"最初的构思实际上存在着根本性的错误"。每当遇到这种情况，我就只有中断写作，向读者们表示心中的歉意。这种经历虽然让人感到痛苦，但是也使我认识到我们不能执著于错误的假设。

在企业从事经营活动时也应如此，一旦发现根本性错误就应该尽早放弃，是否能够做到这一点对于经营者来说至关重要。

不管做任何事情都是同样的道理，绝对不能固执己见。对行不通的计划，必须要拿出勇气果断终止，然后再重新面对新的挑战。我认为不管是学者还是企业家，能够永远保持这种心态才是大智慧的体现。

第四章
学习过去、思考未来

稻作的丰饶与麦作的丰饶

只有在实用领域，技术才能够得到锤炼和升华

温故知新

梅原猛：
稻作的丰饶与麦作的丰饶

　　长江下游流域南岸的中国浙江省有一处被称为良渚遗迹的古代遗址。这是一处三面环山的地方，在一条似乎是运河的外侧修建着如城墙一样的建筑。

　　我听说在这处遗址西北方有一座东西长 680 米，南北宽 450 米，高 8 米左右的小山。刚开始时人们都以为这是一座自然形成的小山，在经过调查后却发现，原来这是一座人造山。这座人造山与万里长城和高松冢古坟（位于日本奈良县高市郡明日香村的，公元七世纪左右的古坟群，包括了古代日本钦明、天武、持统、文武天皇等的皇陵。——译者注）一样，都是使用版筑加固的方式堆建起来的。在这座山上还堆建着另外一座人造山，也就是说，这是一座山上有山的双重结构人造山。此外，在这个遗址附近的一座同样是以版筑方式堆建起来的名叫反山的人造山上，还发掘出了 11 到 12 座良渚时期的坟墓。

　　对于良渚遗迹所蕴含的意义，我是这样认为的：从世界史的角度来看，农业最早始于一万两千年前的西亚地区。顺便提一下，麦作农业与畜牧业是同时产生的。然后在大约五千年前，在西亚麦作农业的基础上产生了都市文明和宫廷文明。

苏美尔人最早修建了一座名叫乌鲁克的城邦，这个城邦的国王名叫吉尔伽美什。在乌鲁克的遗址上出土了一些记载着吉尔伽美什王事迹的黏土板，上面的内容依然还在解读之中。黏土板上关于吉尔伽美什的内容引起了我极大的兴趣，根据这些记载，吉尔伽美什王登基后做的第一件事情就是杀害了森林之神洪巴巴。

对于这个记载，我是这样解读的：在最初时，洪巴巴阻止了人类砍伐森林的行为，并把伐木定为一项禁忌。而第一个建立人类城市文明的吉尔伽美什之所以要首先除掉洪巴巴，是因为这就意味着他获得了破坏森林的自由。也就是说，这段神话的寓意是人类通过砍伐森林来发展农业与畜牧业。

西亚的城市文明正是通过砍伐树木、推平森林，开垦出农田和牧场才得以诞生的。我认为如果城市文明能够建立在麦作农业和畜牧业之上的话，那么稻作农业同样拥有催生出城市文明的理由。稻米是一种营养价值要高于小麦的谷物，在中国，有把富庶的地方形容为"鱼米之乡"的说法。也就是说，大米是"富饶"的代名词。即便是在麦作农业地区，只要引水方便，基本上都会转换成稻作农业。与此相反，稻作农业却一般不会转换成麦作农业，因为稻米在各方面都要胜过小麦。也就是说，稻米更容易获得良好的收成。

根据一般定论，稻作农业起源于五千年前的中国云南，然后在三千年前延伸到了长江下游地区，并最终在两千年前传播到了日本。然而当我六年前偶然访问中国河姆渡时，却发现自己关于稻作的那些知识可能需要做出一些改变。

河姆渡遗迹据称已有七千年的历史，在这处遗迹发现了因为洪水而堆积在一起的稻穗，其中包括了稻米的两个种类——籼稻和粳稻。并且这两种稻米在与河姆渡不远的，同样具有七千年历史的罗家角遗迹，以及长江中游的一处九千年前的遗迹都得到了发现。或许同样的发现还会出现在其他古代遗迹，这就表明稻作农业有可能在一万年以前就已经产生。也就是说，稻作农业和麦作农业基本上是在相同的时期诞生的。

如果说五千年前的西亚麦作农业催生了城市文明，而稻作农业的生产力要远胜于麦作农业，因此，稻作农业毫无疑问也应该催生出过城市文明。良渚遗迹产生于距今五千三百年到四千两百年前，我相信它绝对属于城市文明的遗迹。所以我们可以认为，城市文明基本上就是在五千年前同时出现于东西方的。

稻盛和夫：
成见只会扼杀可能性

与麦作相比，稻作的生产力确实要更高。一粒稻谷能够分蘗出数株枝茎，稻穗的颗粒数量也要多于麦穗。而一粒小麦则只有一株根茎，不能分蘗。这就导致了稻谷与小麦之间的产量差异。水稻与小麦之间的这种差异使得两者的生产力产生了明显的差距，因此稻作农业完全有可能要早于麦作农业孕育出优秀的文明。

此外，以稻作农业为基础的良渚文明还有可能演化出中国北方黄河流域的青铜器文明。不过目前为止还没有研究对此做出有力的证明。学术界对于青铜器文明诞生前的背景并没有去做深入研究，之所以会出现这种情况，一个重要原因可能是专家们认为黄河文明之前就再也不存在其他城市文明。"中国最早的文明就是黄河文明"的认识从某种意义上而言也算是一种成见，进而扼杀了其他可能性。我原来就一直持有这种观点，现在良渚文化遗迹的发现为颠覆成见提供了一个很好的机会，因此具有极其重要的意义。

梅原猛：
被抹杀的历史

在良渚的稻作文明早已兴盛繁荣之时，黄河流域还没有小麦这种作物。有人提出，中国人在秦始皇时代就已经开始栽培小麦，这种说法却是疑点重重。当时居住在黄河流域的居民的食物来源主要是稗和粟以及畜牧产品，譬如黄油和奶酪。因此，在食物的生产效率方面，长江流域毫无疑问要远远超过了黄河流域。

这也就产生了疑问：为什么如此重要的遗迹会长期埋没在历史的长河中呢？一提到中国古代文明，基本上都认为是发源于黄河流域的夏、商、周。虽然对于夏文明依然存在着众多争论，但是对于商和周文明却已经有详尽的考古学出土文物为证。夏王朝的奠基者是禹，司马迁在他撰写的中国第一部纪传体史书《史记》中指出，禹是黄帝的玄孙。黄帝是中华民族的始祖，据称他消灭了"蚩尤"统领的蛮族。传说中蚩尤的形象既像是蚕那样的虫，又像是条蛇。所以我猜测蚩尤的大本营会不会就在良渚？因为良渚既有养蚕文化，又有崇拜蛇的传统。如果这样推理，中华文明是在南方长江流域的良渚文明被消灭后，才得以在北方的黄河流域建立起来的。之后，黄帝的继承者们相继建立了夏、商、周，直至秦汉帝国。这自然使得作为汉朝历史学家的司马迁只能以北方为中心来审视历史。我相信这才是良渚文明在历史记载中被抹杀的根本原因。

对于拥有先进文化的良渚文明的灭亡原因，我是这样推测的：由于良渚文明在文化上过于成熟，本身又是农耕民族，很可能在进化程度上已经进入崇尚和平的阶段。这样一种文明一旦与马背上的那些能征善战、攻击性旺盛的游牧民族相遇，马上就会陷入灭顶之灾。

中国历史基本上就是一部北方民族对南方进行征服和支配的历史，万里长城和大运河就是明证。当年修建万里长城是为了抵御北方强大异族的入侵，开凿大运河则是为了将南方富饶的物产运送到北方。中国历史就是这样螺旋发展至今。自中国实施改革开放以来，由于停止了南资北调，南方地域实现了举世瞩目的发展。眼下的中国俨然已经进入了南方时代。

　　总而言之，我认为当初是武力强大的中国北方游牧民族首先征服了南方，然后仿效良渚的"玉器文明"在北方建立起了自身的文明。支持这种论点的证据之一，就是良渚遗迹出土玉器上的一种纹样，这种纹样与北方青铜器上的纹样一模一样。此外，在良渚遗迹出土的黑陶鼎的形状也与北方青铜器的形状如出一辙。因此我认为，或许当初北方青铜器的外形仿效了良渚黑陶器的形状，而青铜器的纹样则是模仿了良渚玉器的纹样。

　　不过，我的这些推测至今还没有办法得到证实。前些日子我聆听了中国历史博物馆俞伟超馆长的介绍。据他说，中国现在有两处极其重要的历史遗址。一个是秦始皇的陵墓，他指得并不是兵马俑。兵马俑只不过是秦始皇卫队的陵墓，发掘出的兵马俑已经是超凡绝伦，所以秦始皇陵里面究竟是怎样谁也不敢断定。《史记》里曾经对此做过一些记载，因此可以猜测秦始皇陵里面一定更加非同寻常。由于秦始皇陵还没有进行过发掘，所以具体状况现在依然是一无所知。

　　俞馆长列举的另一处遗址就是良渚遗迹。当我提到，"良渚遗迹目前仅仅解明了5%"时，俞馆长立即指出："不要说5%，现在连1%都没有弄清楚。"这给我的印象十分深刻。这说明在中国有和我一样十分看重良渚遗迹价值的学者。

　　由于我们能够推断出良渚文明的建筑物都是以木质为主，因此无法明确预知通过考古到底能发掘到多少文物。西亚文明最初也是以木质建筑为主，但是由于后期森林砍伐殆尽，开始改以石质建筑，这才使得后世考古学家能够通过这些石质建筑遗址对当时的建筑等进行研究。反观良渚遗迹，这样的可能性几乎是零。这里顺便多说一句，西亚建筑的柱子在改为石质后也依旧保持了木质柱子的形状，从而形成了纺锤状的风格。而日本法隆寺建筑却反过来，用木头来模仿石柱的形状。在古建筑中，既有用石材模仿木质风格的做法，又有用木材模仿石质风格的做法，这实在是一个有趣的现象。

　　我们再把话题收回来。在古代西亚，由于森林遭到了毁灭性破坏，转而开始用石材来修建房屋。而良渚文明则一直到晚期为止（即使是现在，良渚遗迹所在地区仍然残存着森林）仍然以木造建筑为主。也就是说，我们无法期待那些木造建筑物毫不腐烂的保存至今。所以我们完全可以推断得出，要在良渚文明的遗址上找到建筑物遗迹，几乎是一件不可能的事情。

　　并且，良渚遗迹应该也遭遇过火灾。按照我的想象，从北方攻打过来的黄帝军队或许是一把火烧掉了良渚的木造宫殿。在这片遗址上发现了不少火烧土的痕迹，这是支持我这个观点的一个旁证。形成这些火烧土的真实原因虽然还无法确知，但是已经被大量发掘出土。对此我的看法是，良渚文明的都城应该是被大火化为了一片焦土。

然而良渚的玉器文化不仅没有就此消失，反而得到了传承。日本青森县的三内丸山遗迹（日本最大的绳文时代村遗址。——译者注）大约有四千五百年的历史，这片遗迹属于翡翠文化，也就是与良渚相同的玉文化。我相信玉文化在东亚文化中具有普遍性。玉器是石器的一种，玉器给人的感觉似乎就是被图腾了的石器。像东亚这样的石器图腾现象在西方却从来都没有出现过。

稻盛和夫：
只有在实用领域，技术才能够得到锤炼和升华

在经历了漫长岁月后，大概也就只有玉器能够完整地保存至今了。尽管除了玉器，当时的物品没有一件留存下来，我们依然能够想象良渚文明当年的辉煌。

从良渚遗迹出土的玉斧让我们认识到，当时的贵族们既不用亲赴战场厮杀，也不用躬身田地劳作，他们手里只需拿着具有象征意义的器具即可，这就是为什么会产生玉斧这样一种根本没有实用性的器具。

如果用光线照射一下良渚遗迹出土的玉器，就会发现这些玉器的材质就是翡翠。翡翠是由氧化硅构成的石头，原本透明，但是如果混入了杂质，就会产生各种各样的花纹色彩。翡翠作为氧化硅的多晶集合体，具有极高的纯度，因此才会呈现出半透明的美丽形态。与此同时，正因为是多晶集合体，所以翡翠具有太脆、强度不高的缺点，这也是我们推断良渚玉斧不过是一种象征性器具的原因。

在铁器文明里也存在着相同的现象。铁器文明中，高层人物的佩刀同样会镶嵌各种各样的饰物，最终使之不再是一件武器，而成了纯粹的装饰品。反正这些大人物腰间的佩刀也不会真正派上用场。而真正用于厮杀的战刀则必须力求实用，不仅刀身要结实牢固，还得在刀把上缠上皮革，确保在沾上血时不会打滑失手。总而言之，大人物们佩戴的任何物件最终都只会变成装饰品。以此推断，玉器这种装饰器具的出现恰恰证明了在良渚时代已经有贵族的存在。

后面如果有机会，我还想详细介绍一下良渚文明极其高超的研磨技术。凭借这些研磨技术，他们应该同样能够打造出具有高度实用性的，既坚硬又不容易折断的石器，而不仅是玉器。我相信良渚人确实做到了这点。那么在加工木材时，良渚人就已经开始使用与金属工具相差无几的精密加工技术。

迄今为止，一提到石斧，一般人都认为古代人只是简单地将原石劈开，然后选择那些具有刃面的碎石做斧子或者箭头。但是如果根据在良渚遗迹发现的技术来推断，那就不仅仅是劈开原石那样简单，还需要对石器进行研磨。我认为这些技术最初并不是为了给贵族们制造玉石饰物，而是用于打造实用器具。良渚文明的石器事实上比我们想象的要更加方便实用，所以这些石器应该被当时的人使用了相当长的时间。

总之，在石器时代后又出现了青铜器文明，尽管青铜器文明发展到了极高的水准，但是我不认为青铜器就此取代了石器的地位。确实青铜器适于大规模生产，只需把铜融化，浇入铸模即可大量铸造。并且，相较于木器和竹器，青铜器也更容易保存。但是在进行加工作业时，如果加工工具硬度达不到石头的标准，难度就会变得很高。也就是说，在制造物品时，由于青铜器硬度过低，所以并不适合作为加工工具使用。因此我认为，即便是在青铜器文化最盛行时，在很长时期里，工匠们使用的还是以使用石器为主。

梅原猛：
能够与自然保持和谐的文明

　　我与良渚遗迹的缘分始于 1993 年 7 月的中国之行。当时有一个乘坐"飞鸟号"豪华客轮探寻遣唐使路线的旅行项目，我申请加入了这个旅行团。

　　我们搭乘的客轮从大阪出发，经由福冈抵达了宁波。在宁波住宿一晚后，第二天旅行团又安排了几个不同的行程。其中既有前往最澄（767—822，日本僧人，曾经随遣唐使访问中国，是日本天台宗的创始人。——译者注）在日本开创的天台宗本源的天台山的行程，也有游览宁波市区的行程。我选择的是游览宁波市区的行程。在参观了道元（1200—1253，日本镰仓时代著名禅师，曾经到中国参访，并将曹洞宗禅法引入日本，为日本曹洞宗始祖。——译者注）曾经修行过的天童寺和鉴真驻锡曾经修行过的阿育王寺等名胜之后，我又参观了前面提到过的，被称为河姆渡遗址的人类早期农业遗迹。

　　这是一处具有重要意义的农业遗迹。它显示出，早在七千年前的长江流域就已经存在着发达的稻作农业，这个发现具有划时代的意义。在遗址出土的陶器上还有桑蚕的图案，这也表明当时的人们已经在生产丝绸了。此外，从河姆渡遗址还出土了精美的黑陶器以及早期的玉器物品。不仅如此，出土文物里还包括织布机，这与我小时候日本农村使用的织布机构造几乎完全相同。

目睹这些出土文物，我心中不由得感慨万千，同时也得出了这样一个推论：在与河姆渡遗迹同时期的黄河一带，当时存在着以栽培稗和粟为主的农业，也就是所谓的黄河文明。但是不管是稗还是粟的产量都远远不能与稻米相比，稻米的产量要超过稗和粟数倍。同样的土地面积，栽培水稻的农业比稗粟农业能养活更多的人口。也就是说，基于高产量的稻作农业，当时在长江下游流域肯定出现过极其繁荣的城市文明。

同年 12 月，为了对当时的稻作农业进行详细调查，我又再次访问了中国。那一次我被带去参观了在良渚遗迹出土的精美玉器。玉器比较纯粹地代表了东方人的理想，高洁而又沉稳，毫无谄媚之处。看到这样的玉器，我被深深地打动了。

然而，良渚遗迹的发掘工作在进行了一段时间后又被迫中断。我向接待我的毛昭晰先生（*中国著名史前史学家——*

译者注）问道："好不容易发现了如此重要的遗迹，却又要中止发掘工作，这实在是太可惜了，为什么不继续发掘呢？"他的回答是："中国现在正急于发展经济，实在是没有钱来做这项工作。"

听到这里，我就试探道："如果能够引入日本资金，发掘工作是否可以重新开始呢？"毛先生马上回答说："那当然是再好不过了。"回到日本后，在心中的热度冷却下来之前，我刚好得到了与稻盛董事长一起上电视做节目的机会，我趁机向稻盛董事长介绍了这个情况并寻求资金方面的支持，稻盛董事长给予了首肯，并亲自与我一道访问了良渚遗迹。

稻盛董事长在访问良渚时曾经说过这样的话："良渚地区的气候和植被与我出生长大的鹿儿岛一模一样。"也就是说，良渚的自然环境与自古以来就一直从事稻作农业的日本人的感觉非常合拍。

虽然不管是农耕还是畜牧都会蚕食森林，造成自然环境的破坏，但我还是认为在环境破坏这一点上，麦作农业和稻作农业多少有一些不同。麦作农业和畜牧业对于雨水的要求并不是很大，因此任何地方都可以开垦为麦田。而那些实在无法种植小麦的地方则可以用做草场，为牛羊提供草料。这也就导致森林很快就被改造为麦田或者草场，最终加快了森林破坏速度。总而言之，一旦麦作农业或者畜牧业开发踏出了第一步，那么由此引发的环境破坏势头将难以遏制。然而稻作农业却绝对不能没有水，而人类自古就已熟知森林所具备的保水功能，因此稻作农业文明都具有珍惜森林的特征。

引进了稻作农业的日本至今仍然保留了大面积的森林，日本国土的三分之二都为森林所覆盖。中国也是同样，在长江以北的小麦文明地几乎已不存在森林，但是在长江以南的水稻文明地域却依然存在着不少森林。因此，我认为良渚文明与吉尔伽美什文明有所不同，是一个注重与自然保持和谐的文明。

稻盛和夫：
古代文明带来的遐思

那一次我们被带到良渚遗迹发掘现场去参观。在去的路上，我留意道路两旁的风景。恰逢春暖大地，万物复苏的季节，四周桃李芬芳，满眼春意盎然。令我感到惊讶的是，路旁生长着的杂草居然与日本九州岛的杂草非常相像，那里的植被体系与九州岛极为相似。

　　参观良渚遗迹勾起了我纷飞的遐想，不过令我真正感叹的还是人类利用手中的工具创造出的灿烂的文明。在那之前，虽然有所耳闻，但只有亲临古代文明遗址后才真正地感到了满足。

　　我认为人类最初使用的工具，顶多就是木棒之类的东西。至于石器的使用，大概也不过是拿石块追打猎物而已。然而，人类文明进一步发展到能够制造出如良渚遗迹出土的石斧那样精美的石器时，也就应该具备足够的能力来造船和修房子。拥有做工极其精巧的石器技术，这一点足以证明良渚文明的发达程度。

　　在参观良渚遗迹出土文物的过程中，让我感到意外的有两点：一个是在坚硬石头上雕刻出来的纹样，一个是石器上凸出的阳文。有一个玉斧通体光滑，只在一个角雕刻着凸起的极细的纹样，这让我惊讶无比。因为光是在玉器表面雕刻出纤细的纹样就已经是极其困难的了，更何况是凸起在玉斧表面的阳文，这绝对需要高超的技术才能够做到。

　　与现代技术做比较的话，我首先联想到的是"凸版"印刷。这种印刷的最初形态——"石版"印刷起源于西欧，具体做法就是将石灰岩板磨平抛光，然后在表面用耐酸物质书写文字，接下来再用酸性液体冲洗石版表面，那些没有被酸腐蚀的部分就形成了凸起在石版表面的文字。我们现在使用的"蚀刻法"，原理也是一样的。

此外，还有一种方法可以达到同样的效果。具体做法就是在想要获得凸起效果的地方用漆描线，然后在漆尚未变硬，还有一点黏性时把细砂吹上去。通过这种方式能够获得与"蚀刻法"同样的效果。由于这种方法利用的是高压空气吹砂，因此就被命名为"喷砂法"。现在我们想要获得阳文效果时，就只有使用化学制品的蚀刻法和喷砂法了。

良渚人在当时那种洪荒时代居然能够创造出如此精致的阳文雕刻，我的判断是，或许是利用极细的粉末研磨需要雕刻出纹样的部分，同时又用粗粉末研磨其他部分，通过分别研磨的方法获得最终效果。在良渚遗迹还出土了滤酒的器具，通过这种器具完全可以利用倾斜沉降法，将用于研磨的粉末颗粒按照尺寸大小区分开来。但是这个猜测还是存在着无法解释的地方，例如良渚遗迹出土的玉器表面的凸起纹样实在是过于精巧，要知道，阳文与阴文的加工难易度有着天壤之别。

此外，在出土玉石器上还发现了镂空的孔洞，这也让我百思不得其解。这个孔洞的内壁保持着上下垂直角度，要想在硬物上打出一个上下笔直的眼绝非易事，就算用现代化工具，内壁也会上宽下窄出现一点坡度，无法保证上下九十度的笔直。使用蚀刻法也一样，都得依靠酸性试剂从表面往下一点一点地腐蚀。总而言之，不管是用物理还是化学方法都很难在玉石器上钻出上下笔直的孔洞来。

在制造半导体产品中最先进的大规模集成电路时，都是以 1 微米和 0.5 微米的最小尺度使用蚀刻法，为了保证精密度，要以极微小的尺寸打眼钻孔。也就是说，需要依靠二十世纪最尖端的技术才能打出上下笔直的孔洞来。可是在良渚遗迹的玉器上我却看到了上下笔直的孔洞，这没法让人不惊愕，为什么在那么早的年代里就能够完成连现代人都难以做到的事情呢？

此外，在良渚玉器镂空纹样中还出现了尖角。若是带有弧度的直角倒还不会让人感到意外，然而连自动铅笔的尖都插不进去的镂空纹样中居然出现了异常尖锐的尖角，这种技术实在是令人感到震惊。正是这种精密高超的加工技术，让我确信良渚遗迹当时拥有相当高的文明程度。

良渚文明的遗留物就只有玉器，这是因为良渚地处湿地，木材和绢这些有机物基本上都无法保存下来，唯有石器类物品才能保留到今天。但是我们依然能够想象得出，当时不管是神殿、家屋，还是人们的服饰必然都是美轮美奂。仅从那些出土玉器就足以让人感觉到良渚文明的灿烂。

我期待着在日中共同发掘工作开始后，一旦找到了重要的出土玉器，能够马上通知我。到时候我一定会放下一切事务，立刻就飞过去。我真心希望能够把这些出土文物摆在面前，然后与各路专家一道，一边小酌一边度过数天的时间。当然，大概有人要批评我了，居然妄想在如此珍贵的文物面前饮酒鉴赏，实在是有些不成体统。不过要是真能这么做，那我实在是太开心了。

通过鉴赏这些出土文物所引发的灵感，我们大可以展开想象的翅膀，聚集到一起的专家越多，就越能够获得更多的思路。至少我相信这种遐想可以为我们再现古代文明提供可能。

梅原猛：
从古代玉器到现代技术的联想

稻盛先生敏锐的观察力真是令人叹服。我是一名哲学研究者，对艺术也充满了热爱，因此我对良渚遗迹的文物都是从哲学思想和艺术价值的角度进行思考和感受的。而稻盛董事长感兴趣的却是"这些文物是如何制造出来的",这个角度是我无论如何也想不到的。

对于良渚遗迹的出土玉器,稻盛董事长看重的是这些玉器是否利用了陶瓷制造技术,并得出依靠生产陶瓷的研磨技术也能制造出相同玉器的结论。我们这些人只会为出土玉器上的精巧雕工惊讶;为肉眼难以发现,需要借助放大镜才能看到的鬼斧神工所叹服。但是稻盛董事长却能够着眼于雕刻方法,从技术层面对出土玉器的制作复杂性展开思考,而我们这些人却没能做到这一点。

不过,如果以与现代技术做比较的角度来审视古代文明,并由此开发出新的陶瓷技术的话,那将是非常有意思的事情。我想问稻盛董事长,这种可能性是否存在呢?

稻盛和夫:
温故知新

我相信在科技的世界里,同样需要温故知新,刚才提到的雕刻方法也确实勾起了我的回忆。

当我于昭和三十年代初(二十世纪五十年代末期——译

者注）创建京瓷时，在陶瓷生产领域已经存在实力雄厚的企业了。为此，我一改传统的陶瓷烧造方式，选择了走矿物合成的陶瓷烧造道路。我们公司当时主攻高硬度陶瓷，通过高温烧造高纯度金属氧化物来生产与一般陶瓷器具不同的产品，同时还生产各种各样的工业材料。

我们最早是在电子行业打开了市场。由于陶瓷可以作为绝缘材料使用，因此各家电子厂商蜂拥而至，希望购买我们的高性能精密陶瓷材料。然而，作为工业材料的陶瓷需要满足极高的精度要求，不是一两个，而是成百上千个陶瓷元件都要在尺寸精度上完全一致。作为电子管绝缘材料的陶瓷部件在精巧程度上堪比良渚遗迹出土玉器上的镂空雕刻。

我们如果不向客户承诺能够生产出可以满足对方要求的零部件，就拿不到客户的订单，因此即便是制造难度极高的产品，我们也会全部承接下来。当然客户仍然会向我们提出质疑："我们已经问了很多地方，那些大公司都说无法满足我们的要求，你们这样的小公司真的能做出来吗？"我们口头上当然会说："完全没有问题"，然而等拿到产品的精度要求时又会感到非常棘手。

陶瓷这种制品在经过烧制后会产生收缩，也就是所谓的"窑变"，这是陶瓷烧造过程中的一个普遍现象。烧造后的陶瓷不仅颜色会发生改变，形状也同样会发生改变。窑变也可以算作是陶瓷烧造过程中的一个妙趣所在。每当开窑时，对陶瓷器具最终形态的期待总是令人满怀兴奋。在这样一种陶瓷制造的世界里，现在却需要生产出大批量极其精密的产品来，如果在烧造过程中产品出现变形，就根本无法用于工业生产。

一开始我们的想法是，除非通过研磨来修正产品的形状和尺寸，否则就没有其他简单易行的方法了。也就是说，考虑在烧造过程中实在是无法避免产品的变形，我们就只有通过成本低廉的研磨方式来进行产品精度修正。可是陶瓷是一种硬度极高的物质，一般陶瓷尚且具有很高的硬度，更何况是由我们生产的特殊陶瓷。当时我们为如何对高硬度陶瓷进行研磨深感困扰。

后来，我们改弦更张，寻找让陶瓷产品在经过烧造后依然保证精度的方法。通过一番钻研，我们终于生产出了耐受烧造过程，保证精度要求的产品，这可以算得上是我获得的第一份成功了。然而，通过这种办法生产出来的产品精度依然有限，当客户提出更高的产品精度标准时，我们就只剩下研磨这种方式可以选择了。为了实现研磨技术的突破，我们受尽煎熬，最后终于开发出了对陶瓷进行研磨的特殊技术。

这项技术为我们后来生产制造光纤连接部件做出了重要的贡献。

现如今，光纤通信技术早已普及全世界。光纤不同于传统的铜线，是以玻璃纤维作为材料制造出导线，然后通过光脉冲传导来实现通信。

制造光纤的原材料就是石英，通过融化石英就可以生产出光纤导线。由于这种方法无法一次性生产出较长的光纤导线，就必须一段一段连接起来。在连接光纤时，为了确保光轴（光传导通道的中轴）与光波长吻合，就必须保证光轴实现亚微米（万分之一毫米——译者注）级的连接精度。因此我们受各家相关研究机构的委托，尝试能不能利用既无温度变化，也不会产生磨损的陶瓷材料来制作光纤接口。

客户提出的产品要求是在陶瓷上打出头发丝粗细的孔，外侧必须保证万分之一毫米的精度。与此同时客户还要求我们做到，在严格控制研制经费的前提下，确保低廉的生产成本。客户提出的这个要求尽管听起来有些过分，但是如果生产成本过高，那么产品就很难产生商业价值。我们在不断经历失败之后，终于研制出了生产光纤连接部件的专用设备。基于这项技术，我们的专用设备现在能够像纺织机一样，大量生产出用于光纤连接器的陶瓷插芯，销售给世界各地的光纤通信厂商。

良渚遗迹出土的玉器让我联想到了当年创业的艰辛历程。作为一家资金和设备都极其匮乏的中小企业，当年我们承接的就是如良渚玉器上的镂空雕刻那样加工难度极高的订单，因此当我看到那些玉器时，也就自然而然地产生念头，想要知道当时的人们是如何做到的。

梅原猛：
研究古代遗迹能够为未来技术开启大门

真是没有想到通过参观古代中国的玉器，能让我们了解到京瓷成功的轨迹。

当时我不仅希望能够得到稻盛董事长的资金援助，同时也期待您能亲自参与我们的研究。在迄今为止的调查中，我们邀请的调查人员以考古学家为主，同时也包括了一些历史学家和民俗学家，但是材料研究等自然科学方面的专家却基本上为零。目前为止，还没有一位一流的科学家从材料科学的角度对良渚遗迹的出土玉器进行过调查研究。

但是在聆听了稻盛董事长的一席话之后，我感到进行这样的研究有着重要意义。要在玉器上钻出一个内壁上下笔直的孔确实不容易，即便对于现代文明而言，这也是充满挑战的，但这种技术却出现在了良渚文明，因此我们有必要对此展开深入研究，弄清当时的人们使用了哪些技术。仅就日本的考古学研究而言，几乎找不到任何可以用作材料研究的出土文物，这一次在良渚遗迹发掘出技术水准颇高的玉器，终于为进行相关研究提供了可能性，并且我也相信我们能够从中获得重要的启示。

此次重新开始的良渚遗迹的发掘工作，根据我们最初的设想，是以中国方面为主导展开的，日方提供的主要是一些中方尚不具备的技术，譬如花粉分析和地下探测雷达等。我觉得如果从陶瓷技术方面再进行研究，那么应该会产生意想不到的效果。顺便说一句，像稻盛董事长这样的大企业家参与古代遗迹发掘工作的例子少之又少。如果这次真的能够进行刚才所说的研究，那必将与日中共同研究一道成为具有划时代意义的事情。

此外，如果古代技术能够为现代新技术的研究开发提供思路，并产生成果，那将是再好不过的事情了。对于企业而言，若能从五千年前良渚遗迹的玉器上获得新的创意，进而孕育出新型技术，这绝对是一件意义非凡的创举。

稻盛和夫：
经济交流与文化交流

　　我认为良渚遗迹的日中共同发掘具有重要的意义。尽管在政府层面上两国之间保持着经济交流，并且通过日本的国际交流基金，两国间的文化交流也在推进之中。但是在民间层面上的经济和文化交流同样不可或缺。这次应梅原先生的邀请，我有幸能够以志愿者的身份参加这个非营利性组织的活动，心里感到由衷的高兴。像这样一种诚心诚意、相互尊敬、相互帮助、一道发掘研究人类共同遗产的行动，我希望越多越好。

　　以此次的项目为里程碑，日本的民间企业应该不仅仅是用语言，而且用实际行动为日中之间搭建交流的桥梁，这样的桥梁搭建得越多，日中两国间的关系就会变得越好。我认为国家之间的经济交流越是兴旺，密切的文化交流就愈加重要。在进行经济交流时，国与国之间有时也会因为利益产生冲突和矛盾，而文化交流则完全不会出现这些问题。

梅原猛：
必须不忘礼仪

当前日本与欧美各国之间的文化摩擦日趋严重，身处这样一个时代，我相信今后日本与中国之间的关系将会变得愈加重要。日本首先需要和作为邻居的中国实现和睦相处。日中两国相互间的支持和帮助对彼此的安全保障也具有重要的意义。当然，维持世界和平也很重要，如果不首先把身边的问题解决好，又如何去妄谈更大范围的问题呢?

日本与中国的经济关系日趋加深，与此同时更重要的一点是，不要让双方的文化关系止步不前。这不仅是基于对日中文化共同性的认识，正如此次两国对良渚遗迹的共同研究和保护行动一样，两国间在文化层面上的友好关系同样具有重要意义。日中两国同属于稻作文化，因此不仅是学者专家，还应该包括其他方面的人员，大家要一起来对孕育出璀璨的稻作文化的良渚城市文明进行共同研究。我相信这对今后日中两国关系的构建有重要意义。

在中国，与其他国家共同进行考古发掘和研究原本是一件非常困难的事情。因为中国曾经是殖民地式考古研究的受害者，那些来自欧美和日本的考古学家到中国进行考古研究之后，要么把发掘到的文物席卷回自己的国家，要么以极其低廉的价格收购文物带回家。这样的考古发掘研究不仅对中国而言毫无益处，而且会导致大量宝贵文物流失。因此，中国人现在对此依然怀有戒心。

即便是良渚遗迹，五十多年以前就面临着盗掘问题。第二次世界大战前，最有价值的出土玉器基本上都流失到了英国和美国，次一级的出土玉器则流失到了日本。在当时，良渚玉器被认为是汉代的文物，因此都是作为"汉玉"流失到了日本。一直到最近十五年左右，由于考古学的发展，人们才弄清楚这些玉器并非出自汉代，而是早于汉代两三千年，距今四五千年以前的文物。

正是由于有过这样不幸的历史，中国方面必然会对外国考古学家怀有极高的戒心，这也很正常。有鉴于此，日方在提议进行双方共同发掘时，态度言辞都应尽量表现得委婉，而且只是希望能够为中方的发掘工作提供帮助，日方愿意提供各种新型设备和技术，并且还予以相应的资金援助，以此来协助中方进行发掘工作。

此外，出土文物的保护同样也是重中之重。因为发掘出的珍贵文物，如果不能以妥善的设施保存，那么发掘也就毫无意义。出土的文物若有任何闪失，都会成为严重问题。我认为中方不仅希望是在遗迹发掘方面，同时在出土文物保护方面也希望能够得到日方援助。按照我的想法，重要的出土文物最好还是就地保存。因此我就提出："既然是由生活在这片土地上的中国人创造出来的文物，还是就保存在这个地方吧。"总之日方需要细致地考虑到方方面面。这次日中两国共同发掘、共同保护文物的行动史无前例，我认为正是由于彼此能够诚心诚意地各抒己见，才使得双方得以相互认同，携手共事。

考虑到中国是遭受殖民地式考古学研究伤害最深的国家之一，我们日方成员必须牢记历史，保持谦虚的心态，在共同发掘工作当中谨守礼义。这种或许略显另类的态度不仅在发掘工作中，同时在和中方交流时也必须谨守。不知不觉中，日本人已经忘掉了过去曾对中国做过的那些事情，滋生了傲慢之心。这使我感觉到了"不忘礼义"的迫切性。

稻盛和夫：
"行善者"的天地之助

那天我们访问良渚遗迹时，恰逢天气晴朗、繁花烂漫，那一幅令人心醉的景色让我不由得感觉是"徜徉在桃花源中"。当时我就想，这是天地在欢迎我们的到来，在良渚遗迹上一定能够发掘出精美的远古文物。梅原先生当初出自促进日中友好、推动中国考古学发展的无私心愿发起了这个项目，我是受梅原先生的感染才加入了进来。这也许只是一个偶然，不过我还是愿意相信，正是由于我们的这种善念，那天盛开的桃李才会向我们表示欢迎。

目睹此情此景，我心中再一次感受到"思善"、"行善"，则天地必与我同在。在我的事业生涯中，这也是我的唯一指南。我从来都坚信："善念"和"善行"能够得天地之助，化天地为友。

我经常会告诫自己的员工："现在的状态是过去努力的结果，未来则取决于现在的努力。"也就是说，从个人角度来讲，迄今为止的那些努力并不足以为明天打开大门，只有依靠现在开始付出的努力，才能铸就坚实的明天。

　　总而言之，我们不能沉湎于旧日的辉煌。从全人类的角度来理解这个说法，也可以解读为：我们现在是站在历史之上，而未来则取决于我们现在的选择。因此，我们绝对不能忘记过去，同时又必须坚持对未来的期待和努力。对我们而言，过去和未来正是不可欠缺的两个重要支柱。

第五章
树立心灵教育

为何会出现末世现象

包含了心理学、宗教、伦理观在内的综合德育势在必行

对自身欲望的纵容将妨碍与他人的共生

梅原猛：
为何会出现末世现象

从 1995 年 3 月到 4 月，发生了许多完全颠覆我们常识的事情。

新兴宗教奥姆真理教的问题彻底暴露。这个宗教集团在上班通勤高峰时段的地铁里释放沙林毒气，制造大规模杀人事件。奥姆真理教的罪行被发现后，警方立即介入，终于揭露出了奥姆真理教的真实内幕。另外，同期在日本各地举行的地方选举中，青岛幸男（1932—2006，艺人出身的日本政治家，曾任日本参议院议员和东京都知事。——译者注）和横山诺克（1932—2007，原名山田勇，出身于相声说笑演员，曾任日本参议院议员和大阪府知事。——译者注）分别当选为东京和大阪知事，这是以前根本无法想象的事情。

我总觉得，各种末世现象今后将继续层出不穷。

稻盛和夫：
对于"专制政治"的恐惧

我也和梅原先生一样，感到各种各样颠覆常识的事情越来越多。

在经济领域里，日本泡沫经济的破灭导致土地和房产价格暴跌，股市也随之滑落。不仅是金融行业，包括其他行业在内的众多企业资产都大幅缩水，不良债权总额飙升到了数十万亿日元。尽管如此，却没有出现大规模的企业破产现象。之所以会这样，是因为如果这些不良债权全部暴露，就会直接导致金融机构破产，进而引发其他企业的连锁破产。为此，不良债务的问题才被掩盖了下来。

举例来说，向金融机构贷款的企业一旦无法支付贷款利息，企业的贷款抵押就会被相关金融机构没收。可现实中，当企业无法向金融机构支付贷款利息时，金融机构也只能选择继续等待。因为一旦金融机构为了回收利息而扣押企业方的抵押，就有可能导致企业破产，进而给自身造成巨大损失。这就是金融机构掩盖企业拖欠贷款问题的原因。据称包括股市亏损在内的数十万亿日元的损失也由于相同的理由被掩盖。但是这些应对措施有悖常理，是一种匪夷所思、极其不负责任的做法。

在泡沫经济破灭"后遗症"之上，1995 年发生的阪神大地震更是雪上加霜，给日本关西地区造成了十万亿日元以上的损失。此外，再加上日元升值的冲击，日本经济承受了前所未有的打击。

与此同时，在东京这个特大都市发生的地铁沙林事件也动摇了日本的安全神话，并使奥姆真理教这样一个性质令常人无法理解的宗教团体暴露于世。在 1995 年举行的日本地方选举中，完全没有任何行政经验的演艺圈议员成为东京和大阪这两个日本最大城市的地方最高负责人。可以说在 1995 年间，接连不断地发生了令人难以置信的事件。

然而，这些异常事件并非偶然，它们的发生具有共性，都是由身处当今社会中的我们亲手制造出来的，尤其是领导者们对此有不可推卸的责任。

例如，在应对泡沫经济"后遗症"所造成的巨额不良债权问题时，由于感到问题过于棘手，相关负责人都试图掩盖问题，没有一个领导者愿意站出来担负应尽的责任。正因如此，那些本可以彻底改变现状的方案也就无法得到实施。结果，对这种状况感到愤怒的社会成员就由此产生。如当年的新左翼或者赤军派那样，一些专门招募这些愤怒和不满的社会大众的组织纷纷趁机出现。所以奥姆真理教这类新兴宗教的兴起并不是什么令人费解的事情。

正是由于民众对那些养尊处优，不打算承担任何责任的领导者产生反感，才导致异端新兴宗教势力大增，并导致东京青岛幸男知事和大阪横山诺克知事的上台。

在东京和大阪知事选举时，对政治家极度不满的民众利用自己手中的一票否决了那些行政官员出身的候选人。这种不满的根源可以归咎于现在的政治家大都擅长推诿搪塞，不愿兑现承诺，在回答国会质询时极尽敷衍之辞。和这些政治家们相比，青岛和横山二位知事或许欠缺作为行政官员的相应才能，但是选民们多少都对他们的言行产生了共鸣，并且他们对自身责任也不是一副含糊不清的态度，因此心怀不满的选民们才会投他们的票。正是民众心中强烈的不满与愤怒，使得他们投了青岛和横山的票。

在这样一个时代，我最担心的一点就是"专制政治"的出现。民众或许是出于希望当前这个充满混乱的社会回归正常的意愿，因此一心盼望"强人政治家的出现"。

这不禁让我想到，当年正是出于对强人政治的热切期待，第二次世界大战前的希特勒才得以掌控了德国的政权。政治与社会一旦出现动荡，社会大众对于有魄力的强人政治家就会过度期待，这必将推升极端专制统治者得势的危险性。专制政治一旦形成，一定会导致惨烈的后果。因此我们现在有必要向经济界、政治界，以及官僚群体的领导者们发出呼吁，要求他们认清形势，在言行上负起应尽的责任。

对于日本人来说，似乎正在与一个充满梦想和希望，能够让正义感得到充分抒发的社会渐行渐远。

令人感到悲哀的是，由于正义感的缺失，在这个社会当中，人们只能完全依靠自身力量来保护自己，独自生存，并完全依靠自身判断来应对这个缺少正义的社会。

梅原猛：
除了构筑"新型资本主义"外别无他路

虽然我对奥姆真理教鼓吹的世界末世思想持反对意见，但是不得不承认我们这个世界正面临着极其深刻的危机。那么我们该采取怎样的对策呢？对此我认为除了第二章所提到的"回归资本主义原点，重塑资本主义伦理道德"外没有其他选择。

听了那些奥姆真理教代言人的说辞，我觉得他们实在可以算得上是撒谎的高手了。说起谎话来个个不知羞耻、肆无忌惮。这不禁让我联想到政治家们在国会答辩，或者在国会作证受到质疑时的情景。政治家们依靠伶牙俐齿逃避责任与奥姆真理教代言人的狡辩如出一辙。如果我们的政治家都是这样谎话连篇的话，我就不得不怀疑他们对于说谎是否早已习以为常，甚至技巧还要更高超。

不知道现在的年轻人对世界的本质是否存有疑问。或许正是因为年轻人失去了精神依托，一心只会"向钱看"，既无梦想，亦无激情，才会向奥姆真理教这样的邪教（至少我认为是邪教）索求梦想与激情。

马克思主义曾经是日本青年们追求的理想，随着苏联的解体，人们对马克思主义理论产生了怀疑或否定。这时，在日本以宗教形式表现出来的理想世界便取而代之，顺理成章地占据了年轻人的心灵。我认为这个社会必须是一个充满梦想和希望，并能够让社会大众的正义感得到有效抒发的社会。

以宗教为例，不管是亲鸾（1173—1262，日本佛教僧侣，净土真宗的始祖。——译者注）还是法然（1133—1212，日本佛教僧侣，日本净土宗的开山祖师。——译者

注），真正的宗教家不会在活着的时候建立寺院和教团，都是在他们死后，由他们的信徒修建寺院并组成教团。因此可以说，还在世时就修大庙、建教团的宗教者算不上是真正的宗教家。

如果法然当年打算募集资金的话，想要多少钱都会不成问题，可是他却在小庙之中终其一生。亲鸾也是在他人屋檐下寄居了一辈子。本愿寺并非亲鸾所建，而是由亲鸾的曾孙觉如开创的。而且在本愿寺最初创建时，寺院众人都很穷困，只能勉强维生，后来到莲如（1415—1499，本愿寺第八代住持。——译者注）当住持时才发达起来。因此本愿寺是以亲鸾的思想为根基，由觉如创建，经莲如之手才得以壮大起来的一个教团。

耶稣基督当初也只有十几名弟子。可是据说他的弟子保罗一天之内就能招到一百名弟子。所谓宗教原本就应该是这个样子。把自己装扮成神灵，并以此大肆敛财的做法并不是真正的宗教。

我希望这个世界的所有领袖都能做到信守诺言、有错必改，并将此作为自身的天职。

在苏格拉底之前有一些自封为智者的诡辩家。所谓的诡辩家就是拥有颠倒黑白、指鹿为马的辩术的人。这些诡辩家通过教授雄辩术来博取人气，而当时的政治恰恰需要颠倒黑白的雄辩术。

现在的政治家在这一点上仍然没有丝毫改变。他们往往对于符合自身利益的事情说一套，但是立场一变就马上变成另一套，并且他们能够为此提供令人信服的说辞。不过那些熟谙雄辩术的诡辩家在与苏格拉底的对话中暴露了自身的无知，于是他们不再称自己是智者，而改为倾慕知识的人（philosophers），这也就是哲学的起源。所以我认为，我们必须回归原点，重新恢复哲学家在理论上的权威。

道德的原点就是"不说谎"。顺便说一下，阿伊奴族人（居住在日本东北部和北海道一带的土著居民。——译者注）从不说谎，这是因为他们深信举头三尺有神明，如果撒谎，必然会被跟着自己的神明知道，所以阿伊奴人认为说谎骗不了人。当他们不得不说谎时，往往会以"我不知道"来搪塞。

不仅是阿伊奴人，世界上的大多数民族最初都认为说谎是一件不好的事情，随着文明的不断发展，人们对说谎的抵触感变得淡薄起来。从小我的母亲就严格要求我"绝对不能说谎"，然而在当今社会里，这种理念却在消逝，这也意味着人类失去了伦理道德的基础。

哲学家弗里德里希·尼采用"最幼的道德"这个词来形容诚实不说谎。他认为以基督教为根基的道德终将分崩离析，在基督教道德体系彻底崩溃后，残存下来的就只剩"最幼的道德"。反观现在的日本，连这种"最幼的道德"都已经变得岌岌可危。

我的一位前辈（他是京都人）曾经评价我说："梅原这个人做事倒是很有一套，就是说话太耿直了一些。"听到这个评价，我自叹道："看来我到底还是没办法成为一个京都人啊。"我出生于仙台（日本本州东北部的城市——译者注），也就是所谓的阿伊奴蛮族居住地，有时说起话来确实是有些过于直率。然而不管怎样，我还是认为不说谎是道德伦理最基本、最核心的部分。

稻盛和夫：
不说谎的智慧

我完全同意你的这个看法，现在不管是政治家还是那些政府机构的官员们，都是诡辩家一样大摇大摆的姿态。例如，最近揭发的东京两家金融机构的违规经营，其中就暴露出了大藏省的官员们接受这两家金融机构贿赂的问题。

当这些官员被问及是否收受了对方的贿赂时，他们一直到最后都在矢口否认，当把证据摆在他们面前时，他们又改口辩解说："我认为这算不上什么大不了的事情。"

如果他们真的认为这不算不光彩事情，为什么一开始不承认自己收受过贿赂呢？当初极力否认收受过贿赂，被揭发后又试图大事化小，真是不折不扣的巧舌如簧。这与古希腊时代根本就没有什么两样。政治家和高官们将说谎诡辩视为理所当然的态度才是造成社会混乱的根本原因。

一想到这些，我心中不禁感慨我们陷入了一个混沌的时代，并且让我回想起当年刚进入公司时的情景。

大学毕业后我从鹿儿岛来到京都，成了一名公司职员。当时我在公司里从事的是技术研究工作，尽管我在研究领域里获得了一系列的成果，但是由于在技术研究的问题上与上司产生了冲突，我只好从公司辞职。后来，在京都的一些朋友的帮助下，创办了现在京瓷的前身"京都陶瓷"。

在当时的创业者中，有一位毕业于京都大学工学部电子专业的 N 先生，虽然 N 先生是新潟一家寺院住持的后人，但他却是一个极其浪漫的人。N 先生在新潟读高中时与一位年长于他的医生妻子坠入情网，两人一道私奔到了京都。在浪漫情愫以及宗教理念上，我都得到过 N 先生的指点。当我成为京都陶瓷的经营者后，就必须围绕着工作问题发号施令，于是我就去向 N 先生寻求建议，他当时告诉我这样一句话："稻盛先生，你不能说谎，但是也没有必要一定就讲真话啊。"

听到这句话，我高兴得几乎跳起来。从小我父母就严格要求我，做人必须诚实，不能撒谎。所以在我成为经营者之后，也真心认为任何时候都不能说谎。然而在经营企业时，围绕着企业机密以及人事等，又会遇到令我难以说出口的问题。当时我就是因为这些烦恼才去向 N 先生寻求建议，而他给我的回答则是，以"不说谎"为底线，要做到凡事都不"和盘托出"，以这种态度来谋求相关问题的解决之道。

想必大家都曾遇到过类似的情况，如果全都说实话，反而会让自己陷入危险境地。为了避免这种状况，我们可能不由自主地撒起谎来。我们确实不能撒谎，但是也没必要一定说真话，如果对方刨根问底、穷追猛打，由于不能撒谎，我们就有必要告之以实话。但是在对方并没有问及的情况下，主动和盘托出只会让自己陷入被动。

刚才梅原先生说过，阿伊奴人在必须说谎的时候都一律以"不知道"应之，我认为这与"不说谎的智慧"有异曲同工之妙。

总而言之，我希望不管是政治家还是政府官员都能做到这一点。

梅原猛：
痛感"心灵教育"的重要性

在这个问题上，企业家与学者之间还是稍微有一些差异的。这是因为在任何时候，说真话的学者都能够生存下去。而企业家则不同，如果任何时候都说真话，企业就有可能难以维系。我年轻的时候就曾经由于说了太多的真话而给自己制造了不少敌人，随着年龄的增长才越来越感觉到，即便不能说谎，但也有不说实话的诀窍，所以稻盛董事长刚才的一席话我是深感认同。

在我们思考道德标准时，如果把"不说谎"看作"最后的道德底线"，就会引出教育问题。我的母亲是一位如同贝原益轩（1630—1714，日本江户时代初期的儒学家。——译者注）在《女大学》一书中所描绘的那种为人处世极其严谨的女性，尽管她只是我的养母而并非生母，但是她对我的要求却非常严格。她认为说谎是最卑劣的行为，一旦我说了谎，必然会遭到她的严厉惩罚。小时候如果我撒了谎，就会被关到库房里，库房中阴暗恐怖的记忆令我至今也没法撒谎，我现在只要一说谎脸上一定会藏不住。现代社会的母亲大概会因为学习成绩的下降而训斥自己的孩子，因为撒谎而严加斥责的母亲大概是少之又少了。像我当年接受的那种道德教育，现在不管是在家庭还是学校里都不存在了，这是一个严重的问题。

不管是学校还是家庭，基本上都不会对孩子进行道德教育（道德这种说法也许不十分妥当，换成"心灵教育"或许要更好一些）。在这种状况下，不断出现缺乏道德的人也就不足为怪了，我将此视为现代教育的一大缺陷。

稻盛和夫：
过于偏重"智育"最终导致了社会的迷失

现代教育以灌输知识为中心，对我们的内心世界的教育却往往无动于衷，即便是有所触及，基本上也都是基于心理学的肤浅说教。所以，我们学到的心理学只是极其有限的部分，就算在学校中推进心理学教育也不会产生多少效果。我认为现在的教育是极端偏重于知识教育的体系。

令人遗憾的是，当我们试图把教育的目标向"心灵"教育转换时，这种教育又会被认为是道德教育，进而被当作二战前旧日本体制的教育路线，从而遭到各方面的强烈反对。而且也很难获得教育界负责人的认同。虽然教育包括了德育和智育两方面，而且必须做到协调发展，但是现在没有人能说服那些误解了的教育者们，他们认为推动心灵教育就是"复归战前教育"，使得现在的教育完全偏向于智育一方，最终导致日本社会频频发生诸般末世现象。也就是说，在战后五十年的时间里，畸形教育的日积月累导致当前日本社会混乱丛生。

尽管梅原先生已经年逾七旬，却仍然在竭力推动社会向好的方向转变。我认为像您这样，即使行之不易也依然以身作则、努力向善的姿态非常重要。正因为我们面临的是一项困难重重的挑战，才更有必要排除万难、以身作则，率先付出一己之力。我相信这种选择代表的是一种"朝气"。随着年纪的增长，一般人都会变得贪欲横生、面目可憎起来，可是在梅原先生身上我们却可以感受到一股充满浪漫情怀的朝气。

梅原猛：
"心灵教育"与军国主义的道德观没有关系

由于我物质生活还算不错，才有工夫去思考这些问题。因为我不需要为生活奔波忙碌，而且已经获得了各种各样的荣誉，所以追逐世俗名利的心态才会逐渐变得淡薄，进而对自身提出了更高的要求。

既然提到了道德，坦率地说，一直以来我对这个概念基本上就没有什么好感。之所以会这样，主要是由于在二战前日本人被强迫灌输"忠君爱国"的道德理念，而这种道德理念在二战结束后便分崩离析。

也就是说，我们这一代人对道德这种东西总是抱有怀疑的态度。凡是经历过二战的日本人，无论男女，对道德多少都抱有怀疑。也正因如此才会有越来越多的家长认为，与其向孩子们灌输道德理念，还不如任他们自由成长，结果家中父母长辈不再进行道德教育。尽管现在学校设置了道德教育的课程，实际上却没有得到执行，甚至连相关的教科书都找不到一本。战后的日本就是在这样一种状态下一路走到了今天。

如果日本对道德教育这个说法怀有抵触情绪的话，我认为改成"心灵教育"应该就没有什么问题了。因为推动"心灵教育"与军国主义没有任何关系。在我们这个社会中，还有比生存更加重要的存在，在不进行任何心灵教育的情况下，任由孩子们一路升入大学，我认为这是极端不合理的做法，此时此刻我们有必要认真思考推动"心灵教育"的必要性。日本文部省需要拿出勇气，将日本最具有悟性的人都召集到一起，围绕"心灵教育"展开讨论，并找出相应的推动方法。

稻盛和夫：
包含了心理学、宗教、伦理观在内的综合德育势在必行

在提到"道德"这个词时，日本人确实会因为二战前的错误教育而存在着抵触情绪，为此梅原先生将其改称为"心灵教育"，我认为这是一个非常正确的做法。

日本社会最近发生了这样一起事件，身为老师的家长居然将自己的儿子殴打致死。这起案件暴露出了日本道德教育

的缺失。

通过奥姆真理教事件，我们也能看到年轻人在精神上的空虚。居然会有那么多考进名校的优秀年轻人被那些装神弄鬼的新兴宗教所蛊惑，虽然这些年轻人具备考入名校的学识，想必却从来都没有接受过"心灵教育"。

当前社会的"心灵教育"极度匮乏。正是因为那些年轻人在"心灵教育"方面极度欠缺，所以才会被奥姆真理教那种莫名其妙的"心灵教育"所征服。同样由于日本社会缺少真正的"心灵教育"，现在的年轻人就只能从电影电视或者漫画的世界中寻求心灵教育。为了满足现代日本年轻人的这种需求，日本出版界出版发行了数百万本带有商业性质的，以新兴宗教为题材的漫画影视作品（当然，其中还有一些严谨正统的宗教题材作品）。尽管如此，日本的教育体系依然缺少完善的"心灵教育"，这实在是奇怪的现象。

正如梅原先生所言，我们期待在日本社会能够切实推动"心灵教育"。比如心理学就是"心灵教育"的一个组成部分。与此同时，宗教也应该包括进来。当然我们并不一定要在学校中教授那些复杂高深的宗教学理论，只需要选取世界各主要宗教，对它们的教义进行比较和区分，让学生们了解这些宗教因时代背景和地区的不同而产生的差异，这就足以让他们不被那些奇怪的邪教引诱了。

此外，如果探寻世界各主要宗教，尤其是基督教、佛教、伊斯兰教以及印度教的教义，观察它们分别是在何时产生的话，就会发现它们基本上都出现在两千年前。这就不禁让我们感慨，在两千多年的岁月里，人类简直没有任何进步。现代社会没能产生出一个可以超越两千年前这些宗教教义的思想，仅此一点就足以警醒我们这些现代人。再以哲学为例，与古希腊哲学以及中国传统哲学思想进行比较，我们同样也没有创造出超越它们的新哲学，也就是说在哲学领域人类也是没有取得多大的进展。

这就说明两千年来，人类仅仅是在科学领域取得了进步。如果意识到了这一点，或许会有年轻人挺身而出，立志从事哲学或者宗教方面的研究。果真如此的话，我们就可以期待人类在"心灵"领域，也就是精神科学领域获得长足的进步。所以我们应该把宗教，再加上哲学、伦理学以及心理学等内容全部纳入"心灵教育"体系当中，我们现在就应该去发动日本知识界的精英们，开动智慧，开设出这样一门课程来。

日本是一个充满束缚的社会，不管是教育还是其他任何事物都是束缚重重。例如日本的学术圈里存在着"师徒规矩"

现象，当老师指鹿为马时，只有随声附和的弟子才有机会出人头地，而敢于指出老师错误的弟子却会遭到排挤。

反观欧美社会却不存在这样的束缚，因此才能确保自由思想源泉的产生。仅就这一点来看，欧美人就像是"思想的野蛮人"。日本知识领域正需要这种不受束缚的自由，至少就我本人而言，对此怀有极其强烈的期待。在日本，优等生们都是画地为牢、故步自封，这就让他们看上去更像是动物园里圈养的动物，与那些身手矫捷的野生动物相比，自然是难以匹敌。

梅原猛：
培养出来的人才如果没有道德观念的话将会毫无意义

"思想的野蛮人"真是一个很棒的说法，这个词我觉得也可以用来形容稻盛董事长。身为萨摩（日本九州的鹿儿岛地区——译者注）人，稻盛董事长从某种意义上来说也算是一个"野蛮人"。而我其实也是挺"野蛮"的，当我还是学生的时候，曾经公然向一位著名学者找茬，还在酒后把学长痛打了一顿。我的这种"野蛮"使得自己不管在任何地方都受到排挤，最终只能靠自己创建起了国际日本文化研究中心。尽管我因为自己是一个"野蛮人"而遇到了各种各样的麻烦，但是这些煎熬对我来说反而是一件好事，如果我是一个被圈养在研究室中、循规蹈矩的"动物"的话，就根本不可能有任何作为。

随着年龄的增长，我不会再像年轻时那样粗鲁，行为举止也多少变得绅士一些。但在思想上我依然会保持一种"野蛮人"的状态。您作为京瓷的董事长自然需要具备一定的品位，但是在内心深处却需要永远做一个思想"野蛮人"。欧洲的知识分子在拥有一定的基督教伦理观的同时，在思想上依然保持着"野蛮人"的状态。反观日本，却很难在现实社会中找到"思想上的野蛮人"。由于过度重视整齐划一，在日本很难培养出这种人。

说到这里我们把话题再转换一下，日本前首相中曾根康弘曾经组建了一个临时教育审议会。这个机构的目的是推动日本教育改革，虽然它的目标具有一定的前瞻性，但在具体方向上却并不是十分明确。中曾根康弘没有明确的教育理念，而那些与会的学者们同样也缺乏与教育相关的理论体系。

我们现在应该优先考虑的是如何进行"心灵教育"，而不是组建临时教育审议会。就像稻盛董事长指出的，在推进

"心灵教育"的过程中，我们不仅要培育道德，还要进行与宗教相关的教育。正是因为小时候没有受到相关的宗教教育，人们才会缺少免疫力，使邪教乘虚而入。我认为使人们对那些虚假宗教产生免疫力是非常紧迫的，如果能够切实向人们传授基督教、佛教、伊斯兰教的正确教义，那些邪教是不会得逞的。

提到宗教教育，一般看法都认为，这就像是在净土宗教派经营的学校中进行净土宗教育一样。但是我认为在公立学校里有必要对佛教的各个派别、基督教、伊斯兰教以及印度教等世界各大宗教的特征与问题开展教育。

我们还必须改变日本现在的这种"填鸭式教育"。所谓"填鸭式教育"，就是深入掌握现有知识，然后再加以运用的教育模式，而并非是基于新视野，培养创新思维的教育。

在这一点上我认为欧美教育要更优秀，能培养出人的创新思维能力。与欧美相对的是日本教育，尤其是现在这种应试教育，最终目标就是培养有知识的人，而这样培养出来的学生缺乏创造性，只知道在学校学到的东西，再也无法提高。当他们面对困难时，往往是毫无办法，对于道德也是感觉迟钝。令人感到悲哀的是，日本现在培养出来的全都是这样的人才。

　　如果让我给日本的教育体系打分，小学九十分、初中八十分、高中七十分、大学六十分，到了研究生院就只有四十分了，越往上分数越低。

　　原本越是高层次的教育，对创造性的要求就越高。然而通过应试教育培养出来的优等生却都是一些缺乏创造性的人。之所以会出现这种状况，首先，学生们的创造性在受教育的过程中就被老师们扼杀了。大学毕业后如果不在同一所大学读研究生，作为学者在学术上就很难获得认可。其次，学生在大学四年、硕士两年、博士三年共九年的学习期间，必须自始至终跟随同一位教授，如果这名教授资质平庸，自然就会把他的学生拖下水，如果不能得到自己的指导教授的认可，任何人都难以在学术圈立住脚。因此，在日本的教育体系中，那些具有创造力的学生如果不否定自身的创造性，就不能成为一名学者。不要说平庸的教授，不管是在哪位教授下面一直待上九年，学生的学术研究都会越走越窄，有鉴于此，我们必须从根本上对日本的教育进行改革。

稻盛和夫：
"心灵教育"对解决环境问题也是同等重要

如果我们做深入思考，就会发现涵盖了伦理观、心理学以及宗教的"心灵教育"对环境问题也具有同等重要的意义。当前地球的环境状况早已为我们敲响了警钟，成为一个受到热切关注的问题。如果我们能够切实普及"心灵教育"，那么整个社会自然会对环境问题产生积极正确的认识。

梅原先生主张的"共生与循环"哲学观，是一种包括环境问题在内，以当代世界状况为思考对象的哲学。仅就环境问题而言，这种哲学主张我们必须珍惜基于"共生与循环"原理的自然环境。

只要"心灵教育"能够得到切实实施，那么我相信，无论"共生"理念还是"循环"理念，都能够在现实层面上得到社会大众的理解。社会大众因为与"共生"和"循环"哲学产生共鸣，从而选择一定程度的自我牺牲，也仍然会甘之如饴，毫无怨言。然而现实却恰恰相反，由于"心灵教育"没能得到实行，所以在大多时候，人们都是基于利己心态来思考环境问题。当一个社中的所有人都是利己的心态时，必然会导致整个社会自我主义的泛滥，最终将"共生"与"循环"的理念彻底淹没掉，这也是当前环境问题一片混乱，前景不容乐观的重要原因。

在思考"共生"哲学时，必然会引发对"心灵"的探求。我们这些各自不同的成员共同构成了人类社会，当人类成员都试图将自我极大化时，就将导致所有人都无法生存。我们需要以包容和体贴的胸怀来对待他人，这不仅限于人类，同时还包括动物和植物在内的所有生物。极端一点地说，即使是非生物都需要这样的包容和体贴。为了在这个地球上存续下去，一切物质都必须实现"共生"。

我认为以上这些内容是梅原先生所提倡的"共生"哲学的要点。您还指出东亚传统一直存在着浓厚的"共生"思想，因此应该把东方哲学传播到西方去。不过我倒是认为即便是以西方现有的认识，也完全能够理解"共生"这一理念。

例如，当人产生恐惧感时，就会导致人体细胞免疫力下降，使人体容易受到细菌的侵袭，这种现象在现代医学中已经成为一个常识。像我这样的企业经营者，面对现在这种经济局面，经常会为企业的经营前景感到忧虑，那时我的胃溃疡就会发作。我的胃溃疡的发作显然不是由于身体原因而是由于心态，也就是说精神压力给我的胃造成了伤害。

对于这种现象，现代医学早已有了深刻的认识。现代医学的主流观点认为，心理作用会直接在肉体上引起反应。如果从这一点来看，基于西方对于"心的作用"或者什么是"心"的认识，就理应得出结论，这不是一个仅仅与人类有关的问题。

让我们把目光转向院子里的那些树木。初春来临时，枝头都会渐渐发出新芽。樱花的花苞需要两天时间才能完全绽放。看到这种现象让我很自然地联想到植物也有"心"。花儿是不会随意绽开的，植物也知道四季的变化，只有在花季到来时，樱花才会选择盛开。我们同样可以把这称为"心灵作用"。虽然科学的解释是："植物会根据温度和日照时间做出开花和发芽的反应"，可我还是认为可以把这一切的反应总称为"心"。

我们也可以说"植物拥有如同光感器一样的机能，能够感觉日照时间长度的变化"，我们将植物细胞的这种机能总称为"心"。我们人类的细胞同样也能产生这样的作用，因此我将其称为人所拥有的"心"。如果我们能够意识到只用大脑思考不是真正的"心"，那么我们对大自然的热爱与善意就会应运而生，进而理解与自然万物"共生"的道理。所以，环境问题的应对与解决，同样可以归结到梅原先生所提倡的"心灵教育"中去。

梅原猛：
对自身欲望的纵容将妨碍与他人的共生

举例来说，一棵树想要生长就必须尽可能地吸收阳光，一棵树向什么地方生出枝丫与京瓷要到哪里去开设分店或者建设分厂具有相同的意义。每棵树的枝丫都显示出了这棵树在不同时期的决定，如果在错误的地方分叉，甚至可能会导致整棵树木枯死。所以我认为，树木向不同方向生出枝丫从而不断成长，其实就是这棵树基于自身的生存意念，为了使自己的生命不断延续而反复做出决定，说不定树木还能对自己的这些判断正确与否做出反省。

因此，在稻盛董事长提出的"心灵教育"中，还应包括如何实现与他人共生。我的观点是：如果我们将自己的欲望绝对化，换而言之就是对自己的欲望采取纵容态度，那么就无法实现与他人共存。对他人的关爱和体贴是维持人际关系的根基，这是现代社会的道德规范，如果我们能够进一步对其他动物也具备相同的情怀，这就构成了共生。更进一步，还有人类与植物的共生。我们必须对此具有全面的认识，不仅是人类之间，与其他生物之间也应具备共生的理念。与西方伦理相比，东方伦理更容易接受这种理念。

当然，我们从西方也学到了许多有用的东西。现代科学的合理主义精神就源自于西方，未来我们依然有很多东西需要向西方学习。但是在处理人类与大自然之间关系的方式和思维上，我认为西方倒是应该向东方学习。可惜的是，现在的日本早已把自身文明抛到了脑后，完全处于比西方更加强烈的、以自我欲望为中心的状态，进而失去了与其他生物维持"共生"的精神。

稻盛和夫：
在研究领域里应该保持开放状态

整体来看当前的教育界，我们就会发现，在日本，学者与经济界人士之间的合作变得越来越少。关于这个问题我们前面已经提到过，士农工商的阶级意识依然深植于日本人的精神之中，日本学者由于"好面子"，即使身陷贫困也依旧保持自身的傲气。与那些一切向钱看的家伙相比，知识分子的孤傲使得他们即使深陷贫困也依然会全身心地投入到研究活动当中，对于这一点我们不能一概否定。然而，这种意识却妨碍了产业界与学术界的相互协作。日本的学者由于受到战后左翼思想的影响，认为资本家和企业家都是通过剥削劳动者来发家致富，使得他们不愿跟资本家和企业家进行合作。

这种风潮在日本一直延续至今。反观美国，产业界与学术界的合作却是理所当然的事情，如果没有两者间的合作，学者们的学术研究甚至无法取得进步。在美国的大学里，别说是研究项目的名称，连教授职位都会以企业的名字命名。京瓷集团就在美国的麻省理工、克斯威仕特大学、华盛顿州立大学各设立了一个京瓷教授职位。

京瓷于 1985 年向这三所大学各捐赠了 100 万美元，这些大学增设了京瓷教授的职位并为其配置一名助手和秘书，组建起新的研究团队。有意思的是，有一所大学在这 100 万美元的捐款之外又追加投入了 70 万美元，这些大学并没有打算花光企业的捐款，而是任命优秀人才，通过资产运作，利用投资理财获得的收益聘请教授，支持研究。我们不光捐赠教授职位，同时也与这些大学开展了共同研究。依靠这些研究，有的学校提供了相当于我们捐款的百分之七十的追加投入。这些做法非常具有美国特色。非常值得赞叹的是，这些大学每年都会向我们提交捐款的收支结算报告，从捐助方的角度来看，自然会产生物有所值的感觉。

此外，在美国大学里，类似"梅原楼"或"梅原教室"的冠名建筑物是很普通的，不管是州立还是私立大学都有众多冠以个人名义的建筑。

前一段时间，日本文部省终于允许在大学里设立冠名讲座。这些冠名讲座每年需要花费数千万日元，捐助者一般会捐助五年的讲座费用，这些捐款最终都会被花得一干二净。日本文部省虽然效仿美国允许了冠名讲座，但实质上是两回事。

我个人更赞同美国式的做法。当捐赠了 100 万美元（约 1 亿日元）时，校方会把这笔捐款拿来做资产运作，因此获得的收益可以在很长一段时间内，在不花费捐款的情况下一直把冠名讲座或者研究项目持续下去。如果运用得当，甚至能让原来的那笔捐款的规模得到扩大，进而惠及更多的研究项目。

而日本现在的这种花光用尽的模式，使得只有大企业才有能力进行捐助。事实上，日本大学现有的那些冠名讲座确实全部是由大企业出资开设的。但是我对此却有着不同的看法，我认为有必要建立起一套有利于个人出资的捐赠体系。譬如，一位遗孀在丈夫去世后，因为考虑到丈夫生前对于学术的热爱，决定以丈夫的名义在大学里开设讲座，对于这种行为，我们应该积极鼓励。比如亡夫留下了 3 亿日元的遗产，他的遗孀把其中 2 亿捐献出来设立一个讲座，如果这个课程可以永远存续下去，不仅能给研究者提供支持，作为捐助方也同样会感到高兴。我认为这才是设置冠名讲座的应有模式。

为此，大学的相关负责人必须改变自身理念。在日本，当有人想向大学捐款时，总会有一到两名大学学者站出来反对。这些反对者大多认为大学以出资人的名字命名课程或者设施是一种卖名行为，因此绝不允许这种行为存在。这就导致那些原本资金匮乏的大学对私人捐赠采取"不情愿"的态度。但是我却觉得，既然大学获得了宝贵的资金，何不欣然把冠名权交给对方呢？

梅原猛：
人生最后的华章

在全日本的大学中，冠名讲座只有二十多个。规模越大的学校冠名讲座就越少。虽然日本文部省鼓励冠名讲座的开设，但是数量依然不够。因此，多数大学研究人员仍旧为资金不足的问题所困扰。与大学相比，像我们这样的研究所反而开设了更多的冠名讲座。研究所的日常工作基本都是由所长主持，而大学则需要通过教授会。任何事情只要经由教授会讨论，就必然会有人站出来唱反调。这些反对者大多高谈着带有左翼色彩的陈词滥调，鼓吹大学不要收受企业肮脏的金钱，如此一来，其他人也就难以反驳。

再看看美国就会发现，成功企业家和资本家在人生的最后创办大学的例子举不胜举。这似乎可以看作是人生最后的华章。譬如洛克菲勒创办了芝加哥大学，杜克大学也是由当年的烟草大王兴办的。这种现象既可以归功于美国企业家们的贡献意识，他们愿意为知识领域做出贡献，同时也因为美国大学对企业家的捐赠持欢迎态度。可是如果日本的大学也这么做，只会被批评"为企业打广告"。我认为企业与大学之间存在距离是一件十分不幸的事。如果不改变知识分子与企业在理念上的差异，想要解决这个问题就会很难。

关于日本的大学我再多说一句，日本的国立大学由于受到政府的庇护，所以惯于唱反调的教授学者众多。因此我只能对状况相对要好一些的私立大学加以期待，希望能出现一所拥有杰出理念的私立大学。

稻盛和夫：
积攒下来的财产只不过是暂时的保存品

虽然具体情况我不是很清楚，不过欧美实业家兴办学校、为研究提供资助、回馈社会的例子确实是举不胜举。例如钢铁大王卡内基在事业取得举世瞩目的成功后，把赚到的钱全用来做了公益事业。卡内基小时候读不起书，是在图书馆里自学成才。考虑到当年在图书馆里学到的知识在其之后的人生中发挥了作用，卡内基向全美国的图书馆都做了捐赠。卡内基拥有一个伟大的思想，那就是通过辛勤劳动积攒下来的财产只不过是这一世暂时的保存品，因此要在离世前全部返还给社会。

在日本的传统伦理观中也存在着将现世财富视作身外之物的思想。尽管我不知道欧美社会中的这种理念是否源自于新教思想，但却能够强烈地感觉到在欧洲的基督教文化圈里，成功人士在死前将财富回馈社会的意识非常普遍。欧美社会的这种传统并非是为了逃避遗产税，即便是在遗产税较低的情况下，不少人仍然会将财产用于公益事业。此外，欧美的研究机构对此类捐赠也持积极态度，对于诸如卡内基基金这样的资助都会欣然接受。

日本之所以不容易出现这样的实业家，其根源或许在于相关制度的缺失。1984 年的时候，我拿出合计 200 亿日元的股票和现金创办稻盛财团，以创设"京都赏"这项表彰事业。当时的政府机构却为"是否要认可这个财团"一事犹豫不决。这是因为，在日本，慈善财团一般都是由多人出资建立的，由某一个人单独出资建立财团却是前所未闻。结果，虽然我的财团最终得到了政府的批准，但是与其他财团相比规格却较低。当然，规格的高低也只是代表了政府的看法而已。

按政府的想法，一个正常的慈善财团应该是由多人出资共同组建的。之所以没有这么做是因为我有自己的理由。日本的各个经济团体每年都会创办一到两个财团，这些财团都是在某些人的捐助和提议下才创立起来的。

每当这些财团创立时，捐赠簿都会传到我们面前，要求我们捐赠数百万乃至数千万日元的款项。反复经历这些事情后，我终于有些恼火，觉得那些筹备财团的人如果只是为了借机成为财团理事长或者常务理事，就应该去花自己的钱。一些人总是把眼睛盯住别人的腰包，理所当然地四处募捐，成立财团，然后独断专行地运营财团，这种做法实在是不可理喻。如果成立慈善财团是为了光明正大的目的，那我不如亲自来做。所以当初创办稻盛财团时，我认为绝对不可以收受他人钱财，最后用的全部都是自己的财产。

在日本，由大家一起捐资创办财团的做法是主流，这次由我一个人来做出牺牲，全资创办财团。本以为会得到世间的赞誉，可是没想到情况却恰恰相反，而且财团规格也要低于他人。也就是说，在日本，借花献佛似的慈善财团才算是真正的财团。

之所以会出现这种情况，是因为政府机构对我的做法从心底充满了猜疑，他们认为我设立慈善财团是想用财团做幌子来达到不可告人的目的。政府首先想到的是，如果不是为了藏匿个人财产，不可能有傻瓜会愿意为公益事业投入巨资，所以我这种做法一定是有所企图。如果这种状况不加以改变，是不可能有人愿意将个人财产回馈社会的。

没有人能把钱财带进棺材。想必很多人都明白这个道理。因此，如果社会和政府能够为热衷于公益事业的人提供帮助，表示欢迎，并完善相应的制度，我相信个人捐赠行为一定会大幅增加。但是遗憾的是，日本还不具备这样的社会环境。

梅原猛：
当前急需的三种教育

我很期待稻盛董事长创办大学。不管向大学捐多少款，只要大学本身旧态依然，最终还是于事无补。就算向那些对捐赠心怀抵触的大学捐了款，也不会有太大的效果。与其如此，不如干脆自己创办一所大学，这种做法更有助于让捐款发挥作用，回馈社会。

在美国，个人投资创办大学往往都是出于"创造新事物"的想法。而在日本，拥有这种理念的私立大学自二战结束后几近于无，这实在不是一个好的现象。我总觉得，如果现在不能像当年创办庆应大学和同志社大学那样，基于新理念来兴办教育的话，那么日本将不会有未来。

我认为在日本的教育体系中欠缺三种教育。第一种是创造性教育。日本的大学虽然培养了大批熟知欧美知识的人才，但却无法培养出具有独立思维和独立判断能力的人才。

第二种是环境教育，这一点至关重要。然而在日本的现代教育体系当中却找不到任何环境教育的身影。虽然近年来有一些大学开设了环境专业，但这些专业大多只是假借环境之名，以便通过文部省的审核。真正的环境教育要从小孩子抓起，同时在高等教育的专业技术领域也必须将环境教育纳入视野，并展开相应的研究。

环境教育总体来说属于二重性教育，在教授人与自然间的重要关系、人应该如何与自然相处的同时，还有必要探讨现代人类文明是如何对环境造成破坏的。前者可以成为一种感性教育，后者则可以成为知识性的理性教育。事实上，环境教育必须使感性与理性融为一体。

第三种是心灵教育。有必要让孩子们从小就了解什么是不以自身利益为中心的"正确的人生道路"。与此同时，还必须让他们懂得真、善、美的重要价值。

我坚信，这样一种崭新的教育在当前时代尤为重要。这样一种教育很难由国家来推动，因此必须从私立学校开始实施。有鉴于此，应由具备哲学理念的人来兴办新型学校，这不仅对日本，同时对全世界都具有重要意义。

终章

突围出"停滞时代"的方法

——梅原猛

一个需要"回归原点"的时代

企业的意义

"心灵教育"的三个支柱

苏联解体与资本主义的危机

二战之后，日本许多的思想家都对社会主义制度抱有认同与支持的倾向，即便是那些非马克思主义者，也有不少人对苏联和中国这样的社会主义国家表示出了友好态度。我从来都坚持认为："在马克思主义思想的深处潜藏着受压迫阶层的仇恨。"我的这个主张自然被贴上了"反动"标签，并遭到了大肆鞭挞，可是谁都没能预料以苏联为首的诸多社会主义国家的失败。

与因宿敌的失败而欣喜若狂的思想家不同，我首先对苏联的解体感到意外，其次就是预感资本主义也将面临危机。

当有声音高歌资本主义万岁，鼓噪资本主义制度将作为最后的胜者永远繁荣下去，甚至还有人站出来高呼泡沫经济万岁时，我实在没法与这些人产生共鸣，反而怀有极强的危机感，感觉资本主义正陷入迷失之中。

事实上，我们应该把正处于泡沫繁荣中的资本主义视为一个危险的存在。苏联解体并不值得大家举手为之欢呼，我们必须认识到，资本主义已经漂流到了一片极其险恶的水域，我们不能否定的一个预感就是，资本主义制度也面临崩溃的危险。

我对资本主义一直持有危机感，随着岁月的前进，这种危机感不仅没有消逝，反而日趋强烈。随着泡沫经济的破灭，资本主义危机的征兆也变得愈加明显。尽管我并不希望资本主义崩溃，但是不得不指出，这种可能性正日趋强烈。

一个需要"回归原点"的时代

对资本主义抱有危机感的人并非仅限我一个。通过这一次对话我感觉到，京瓷的稻盛董事长也拥有这种危机感。按照我的理解，现任企业经营者的稻盛董事长认为克服这场危机的方法就是要"回归资本主义的原点"。用我的语言来表述，就是"资本主义的道德化"，这个结论来源于我对危机根源的认识，即资本主义在道德上的极度匮乏。

我完全同意稻盛董事长的"回归资本主义原点"的思想。虽然马克斯·韦伯曾经指出要"一手持《圣经》，一手拿算盘"，但是在西欧早期资本主义时期，还是以"拿着《圣经》的那只手"为主。这里所说的"圣经"代表宗教的"制约"，简单地说就是从事经济活动时的道德规范。进一步讲，就是新教伦理中的禁欲主义——抑制自身欲望，专注于工作并为社会做出贡献的理念。

然而，当前的资本主义却完全放下了"圣经"，两手抓的全都是"算盘"，除此之外没有任何规范个人行为的道德标准。资本主义精神堕落成了只为谋利而存在的畸形。在不知不觉中，资本主义已经变得既无道德又无文化。至少现在的日本就是不加以任何节制地一心只求赚钱获利。在这种意义上，可以说日本人秉持的是"只为发财的哲学"。事实上，当前支配着日本人生活的规范就是一切向钱看和物质享受。在这个社会里，脑袋越是空空如也的人，日子过得越舒服。坦率地说，我们陷入了一种非常恐怖的精神状态。

现在到了需要回归资本主义原点的时候了。在欧洲就是新教伦理；在日本，则是指江户时代商人文化发展过程中所产生的心学。所谓心学，就是融合了儒教和佛教等日本传统伦理道德，以当时的社会大众容易接受的日常规范所展现出来的"人间伦理"。商人应该一边"拿算盘"、一边研究心学，然后投身于商业活动中。近代以来，福泽谕吉开始宣扬"现代商人"的道德观，也就是独立自尊的自我尊重意识和伦理观。从事经济活动时，当然离不开算盘，但如果脱离了规范和伦理道德，个人行为的失衡将不可避免。我认为现代的日本人正需要将这种道理融入到日常生活中去。

企业的意义

关于践行"资本主义道德化"的具体方法，最重要的就是明确企业的道德规范。企业管理者必须明确告诉员工"什么是企业存在的意义"。松下幸之助一贯主张要搞清楚"什么是企业存在的意义"，但是在他那个年代，日本人多少还有一些道德观念。而现在的日本人的道德早已消失殆尽，企业道德也业已沦丧。因此，现在我们愈加需要像松下幸之助这种人物。

那么企业到底应该为了什么而存在呢？消费者之所以购买优质产品，是因为他们相信这个产品能够产生效用，也就是说企业活动并不仅仅是为了获取利润，也是为了向社会提供服务。换句话说，企业是通过追求利润来担负起社会责任的。将企业所应具备的这种责任和意义植根于员工的意识当中，这正是最重要的员工教育。如果在家庭、学校以及企业内部都不施以道德方面的教育，那么我们人类逐渐会将道德视为无用之物，进而信奉"企业的存在就是为了赚钱"这一谬论。

企业并非是单纯的营利组织，如果能把这个理念贯彻到每个人心中，自然就能催生出正确的是非道德观。企业一旦拥有自身的道德价值观，就能够对员工提出道德要求。反之，如果企业只一心追求利润，就没有资格对员工提出道德要求。

我们只要认真审视就会发现，当前，企业正在丧失自己的目标。也就是说，除了赚钱，眼里就再也看不到任何东西。这与日本丧失了国家目标存在着千丝万缕的联系。日本作为一个国家，没有任何明确的目标。在日本，企业拥有极大的影响力，如果企业缺乏思想和伦理道德观，这个国家自然也就会缺少思想和伦理道德。我们已经到了缺少这两点就无法幸存的时代。也就是说，我们的一只脚已经踏入了一个潜伏着巨大危险性的时代，这个资本主义只会一心"向钱看"。

道德沦丧所导致的危机

这不仅是企业的问题，同时也是全体日本人所面临的一个重大危机，这个危机就是道德沦丧。

一直到太平洋战争为止，日本人都是以"孝亲忠君"的理念作为道德观的全部内容，并把相关理念总结成了《教育敕语》（日本明治天皇颁布的教育文件，其宗旨成为第二次世界大战前日本教育的主轴。——译者注）。问题恰恰就出在这里，在西欧被定位为公民道德的现代道德，到了日本却被总结成由天皇下达颁布的《教育敕语》。在西田几多郎的《善的研究》一书中，"善"被定义为一个需要进行深入研究的课题。而在《教育敕语》中，"善"却被放置在无需进行任何探讨的位置，这是因为《教育敕语》认为"善"是天皇的恩赐。公民需要秉持的道德除了天皇赐予的"忠孝"之外别无他物，自明治时代以来，日本人所信奉的正是这样的一种道德理念。

我认为西田几多郎在研究"善"的时候，曾试图树立一个与"忠君爱国"和《教育敕语》迥然不同的道德观。然而，如果当时的西田几多郎在研究道德问题时与"忠君爱国"和《教育敕语》发生抵触，就很有可能丢掉教授的工作。后来，西田几多郎之所以很少触及道德问题，而投身于形而上学的神秘思辨，正是为了回避这种危险。由于这样的思考会给自身带来麻烦，最终导致公民社会的道德观没能在日本社会中树立起来。

然而，以昭和二十年（公元 1945 年）为转折点，二战前日本社会所尊奉的道德观——"忠君爱国"与《教育敕语》开始被视为恶的代表。这个转变本可以成为建立公民道德观的出发点，可事实上却导致民众道德信赖感的丧失。民

众一旦认为 "道德易变"，就会对道德丧失信念。我认为正是由于经历了道德观的更迭，才使得我们这一代中的许多人都成了道德怀疑主义者。

因此，二战后的日本没能树立起明确的道德价值观。由于许多日本人对道德持怀疑态度，自然也就不会去寻求新的道德价值观。战后的日本人多少都具有道德怀疑主义的倾向，这就导致父亲根本就不向孩子传授道德观念。如此一来，子女的教育就成了母亲的责任，可是母亲也不做相应的教育。日本母亲一心只想着要把自己的孩子送入好学校读书，进好公司工作，而把道德这种高深的东西束之高阁。当然，这也代表了一种哲学态度，属于功利主义的道德价值观，二战后的日本人在浑然不觉中彻底沦为肤浅的功利主义信徒。

与此同时，学校教育亦是同样，当日本文部省试图在学校推动道德价值观教育时，日本教职员工会便以道德价值教育是军国主义教育为由予以反对。我认为日本教职员工会的真实意图是否定资本主义，向学生传授有助于推动社会主义革命的社会价值观。由于这个意图遭到了学生家长们的反对，进而演变成反对任何认同资本主义社会道德价值观的教育。为了让学生接受社会主义，干脆就让孩子们陷入对道德价值观完全无知的状态中。尽管现在在学校里安排了道德价值观的教育课程，但根本没有得到有效实行。

总而言之，家庭和学校都没有承担起道德教育的责任。孩子们就生活在这样一种不知道德为何物的环境中。这也是奥姆真理教事件发生的原因。那些既不知道宗教也不懂得道德，甚至连如何做人都一无所知，就像三岁孩童一般的成年人，他们一旦遇见具有极大迷惑性的新兴宗教，便很容易受其蛊惑，成为信徒，自身行为全由教主决定。正是出于对宗教和道德的无知，许多人才会误信邪教，几乎是不加任何怀疑地全盘接受。

我们现在必须要认真思考心灵教育，我也痛感进行人生意义"教育"的必要性。我们要从根本上让社会大众了解："没有人能独自生存于世，必须要懂得如何与自然、如何与他人实现共生"，这一点至关重要。正是我们这些对道德持怀疑态度的人培养出了众多善恶不分、为非作歹的后代。也就是说，现在会有这些恶徒，责任完全在于我们自己。为了不让悲剧继续上演，我们必须从根本上重新思考教育问题。

当今日本的不少现象都是由道德沦丧而导致的。传统上，基督教一直都是西方的道德支柱，但是在基督教信仰破灭的过程中，出现了众多不相信道德的虚无主义者，在虚无主义者中又产生了无政府主义者，甚至还有鼓吹"为了实现社会正义不管屠杀多少人都不足惜"的人。陀思妥耶夫斯基正是由于涅恰耶夫事件（19 世纪俄罗斯无政府主义者涅恰耶夫在领导的反政府组织内部私设法庭，处决与自己意见相左的同事的事件。——译者注）的冲击，才写出了小说《群魔》。而现在，日本发生了要比涅恰耶夫事件恐怖一万倍，不！甚至还要恐怖的奥姆真理教事件。

涅恰耶夫与奥姆真理教大同小异，都认为"旧社会已经腐朽，可以利用一切手段加以毁灭。为此，不管是杀人还是说谎都在所不惜"。在我看来，那些毫无道德观念的人，必然会给未来的人类社会带来严重的恶果。

正如前面所指出的，尽管日本社会没有运行过社会主义制度，但是曾经出现过与之相近的思想。此外，众多日本知识分子也都曾经在言行上倾向社会主义。随着苏联解体，众多日本知识分子陷入旧道德标准崩溃与新道德标准尚未建立的失序状态。使得日本社会几乎完全陷入了毫无道德理念的状态，也可以说是进入了一个宗教被否定、道德被否定、任何伦理道德规范都不存在的时代。同时我也感觉到，日本人现在终于意识到了道德沦丧的严重性。

全体社会大众正处于迷失状态。正是由于身处这样一个时代，所以我们除了回到"原点"，并以此作为立身存世的基轴之外，便再无他法。

从身边寻找道德之源

到了这里又产生了另外一个问题，我们如何去构筑"新道德"、"新伦理"？譬如，前面列举的西田几多郎对于"善"的定义就具有神秘主义倾向，难以直接套用于企业伦理或劳动者伦理。对此又该如何是好呢？我认为唯一的办法就是将"劳动本身视为一种道德行为"。所谓道德并非离我们很遥远，它就存在于我们的身边。例如，鸟儿会为了给子女喂食而不辞辛劳、四处寻找食物，这就可以从道德角度加以诠释。

即便自己不吃不喝也要满足子女，这种行为是生物界的基本伦理。如果以家族为单位来定义这种行为，或许算是某个家族的自利行为。但是如果从"父母"与"子女"这种个体关系角度来看，那就成了父母为子女做出的牺牲。再比如说，大马哈鱼从遥远的大海游回自己出生的河流进行产卵，并随之死亡，这种选择也可以认为是大马哈鱼基于母亲伦理的行为。就像这样，我们也可以从日常所见的伦理行为，从"生物的本质"以及"人的原点"的角度将其视为一种"新道德"。

西田几多郎把在宏观世界中实现自我的行为视为善。虽然这种认识有可能发展成为一套深邃高远的思想体系，但也存在"华而不实"的危险性。而我总觉得，道德是一种极其平凡的存在，或许普通老百姓才清楚什么是"真正的道德"。

在平日的生活中，我们也会把"伦理道德的基础"归纳为"自利利他"。如果用行菩萨道这个词来表达，或许很多人会感到难以实现。但是如果说自利利他，倒是普通人平时就在做的事情。这就是说，有利于他人的行为也能给自己带来欢喜和愉悦。而劳动正是这样一种行为。人为了生存而劳动，然而绝大多数的时候又并非仅此而已。我们劳动也是为了供养家人、有益社会、为国家做出贡献。因此，劳动是一种包含了多层次利他行为的活动，有时人们会将利他行为优先于自利行为，最简单的例子就是父母即使忍饥挨饿也要先让孩子填饱肚子，并以此为乐。与此相应，孩子有时候宁愿自己做出牺牲也要让父母开心，并同样以此为乐。我认为正是这种家族关系能够产生利他胸怀。

阪神大地震发生时的志愿者活动也可以作为利他行为的范例。由于对现实世界中的利他精神比较淡漠，当灾难发生时，人们才会通过参加志愿者活动让自己的利他精神得到实现。通过灾难唤醒我们的利他精神是一件很好的事情，不过让我担心的是，这些志愿者重新回到现实生活后的状况。那些参加志愿者活动的人回归工作岗位后，或许会给工作造成一定的困扰，从而受到不公正的对待。我之所以有这种忧虑，是因为在我们的日常生活中，能够发挥利他精神的机会过于欠缺。

在当今日本社会，不知道人们在各自的工作岗位上有多少践行利他行为的机会，也不知道我们所在的工作岗位能够对利他行为产生多少的理解和共鸣。作为人，我们本来就具备发挥利他精神的意愿，然而在日本社会中，想要在日常社会中体现利他精神却是非常困难的。这也可以解释为什么意外灾害发生时，人们会涌到灾区来从事志愿者活动。而那些参加了志愿者活动的人在现实中又面临着被孤立的困扰。原本最理想的状态是：众多怀有利他精神的人进入到各个公司里，充满活力地投身于工作中。可是现实却恰恰与之相反。

如果家庭和职场都无法给予那些拥有利他精神的人以鼓励，那么真正的利他精神就难以发挥。自利就是利他，利他同时又是自利，利他精神并非是直接向单位或者公司输送利益，也就是说那些认为利他精神就是"吃亏"和"徒劳"的观点是完全错误的。当拥有利他精神的人在职场中得到承认并获得提拔重用时，他们才能活跃于日常生活中。但是现在的日本职场完全被自私自利者主导，拥有利他精神的人却尽遭排挤。当利他行为只能通过志愿者形式实现时，真正的利他精神是无法得到发挥的。

"心灵教育"的三个支柱

提到"心灵教育"，除了道德教育外，我们不能忘记创造性教育。稻盛董事长提出"要让资本主义具备道德伦理"，与此同时，他又亲身实践和示范了创造性对资本主义社会的重要影响，这真是令我感受到了他的伟大之处。尽管我不了解详情，不过纵览京瓷的历史，正是那些超出常人的独创性理念与构思成就了京瓷今天的基础。

这种创造性在日本的教育体系中并没有得到重视，这就使得日本花费相当长的时间引进西方知识，而后加以吸收利用并最终产生成果。在日本的学术领域和艺术领域，人们为如何产生全新理念和创造出前所未有的学问与艺术作品深感烦恼。在产业界，日本也是很难研制出令人眼睛为之一亮的新产品。但是稻盛董事长从事的一直都是"全新的创造性事业"。

创造性教育是一项非常困难的挑战。没有任何手册和指南能告诉我们如何去培养创造性人才。死记硬背的学习方式，不管是对教育者还是被教育者来说都是一件容易的事情。然而，如果不能在各个领域都培养出创造性人才，那么日本的发展就会停滞。对于这一点我们绝对不能掉以轻心。

教育机构已经频频发出"重视创造性"的呼声，可是看一看现实世界，我们就会发现"这件事情说起来容易做起来难"。比如我的孙子，整天忙于补习班的课程，因为如果不进补习班补课，就进不了好的初中和高中。如果进不了好的初中和高中，就更别指望考进好的大学。正是这一系列的连锁关系，使得孩子们周六周日全都泡在补习班里。这样的状况如果从小学低年级就开始，那么孩子们就不可能有充裕的时间，更别说培养创造性了。事实上，我更赞成外国大学在招生时的那种广招生源、严格淘汰的方式。

像日本这种让小孩子从小就上补习班接受填鸭式教育的方式，不仅会扼杀学生的创造性，同时会对健全人格的形成也有影响。我偶尔会遇到一些一直受应试教育，最终变得不通人情世故的人。这些人只有在考试通过时才会感受到一些兴奋。如果我们培养出的尽是一些不会快乐、不会愤怒、不会哭泣，甚至对道德和宗教也缺乏感性、毫无创造性的人，那么这将是一件非常可怕的事情。

有意思的是，当人们对马克思主义和社会主义产生怀疑的时候，并没有出现过大规模的愤怒、哀嚎、自杀等社会现象。第二次世界大战结束时，日本曾经出现切腹自杀的人。匈牙利事件时，也有为之自杀的马克思主义者。但是苏联解体时，我们没有听到日本有人因此去自杀。这种现象说明人们在道德水准较低的同时，感性也较为迟钝。

"心灵教育"的另一个不可缺少的支柱就是"环境教育"。我成长于农村，虽然小时候只顾在山清水秀的乡间尽情玩耍，无暇学习。但现在细想起来，我正是在"与大自然嬉戏"的体验中萌生了"共生思想"。所以说"环境教育"同样非常重要。

当我们去海边玩时，人们以海水浴场很危险为由在沙滩上修建了游泳池，我们会看到人们在紧邻大海的游泳池里游泳的场景，现在这已经成为很平常的事情。在海里游泳很危险实在是一个很奇怪的理由，只愿意把孩子放在游泳池这种危险性极低的大自然模型——也就是"伪造的大自然"中，这种做法是极其愚蠢的。真实的大自然虽然潜伏着各种各样的危险，但是我们必须与其打交道。越是出于恐惧逃避危险，就越有可能遭遇更大的危险。

　　总而言之，只有投身于真实的大自然和外部环境中，我们才能获得经验、产生智慧，而且这不仅限于儿童教育。模拟环境下的学习无法让我们获得真正的智慧，只有在实践中学习掌握的智慧才是真正的智慧。但是，有必要指出的是，为了获得 "真正的智慧"，我们应该避免胡跑乱撞。不管做任何事都是这样，在具体实施时不要忘记"基本"原则，一旦陷入僵局要懂得回归"原点"，重新思考。身处当前这个濒临极限的时代，我们在各个方面都面临着重重阻碍，所以更有必要懂得"回归原点"的真意。

对话稻盛和夫系列

《**对话稻盛和夫三：向哲学回归**》
2013年3月出版

在道德和伦理缺失的社会，
如何才能够不被眼前的成功和欲望所俘虏，
选择一条正确的人生道路，
获得真正的幸福？

● **即将出版，敬请关注**

《**对话稻盛和夫四：话说新哲学**》 2013年4月出版

《**对话稻盛和夫五：领导者的资质**》 2013年4月出版

《**对话稻盛和夫六：利他**》 2013年6月出版

图书在版编目（CIP）数据

对话稻盛和夫：向哲学回归／（日）梅原猛，（日）稻盛和夫 著；喻海翔 译. —北京：东方出版社，2012.8

ISBN 978-7-5060-5143-9

Ⅰ.①对… Ⅱ.①梅… ②稻… ③喻… Ⅲ.①个人修养-研究-日本
Ⅳ.①B825

中国版本图书馆 CIP 数据核字（2012）第 180783 号

TETSUGAKU ENO KAIKI
Copyright © 1995 by Takeshi UMEHARA and Kazuo INAMORI
First published in 1995 in Japan by PHP Institute, Inc.
Simplified Chinese translation rights arranged with PHP Institute, Inc.
Through Japan Foreign-Rights Centre/Bardon-Chinese Media Agency

中文简体字版权由博达著作权代理有限公司代理
中文简体字版专有权属东方出版社
著作权合同登记号　图字：01-2011-6942 号

对话稻盛和夫：向哲学回归
（DUIHUA DAOSHENGHEFU：XIANG ZHEXUE HUIGUI）

作　　者：[日]梅原猛　　[日]稻盛和夫
译　　者：喻海翔
责任编辑：黄晓玉　张军平
出　　版：东方出版社
发　　行：人民东方出版传媒有限公司
地　　址：北京市东城区朝阳门内大街 166 号
邮政编码：100706
印　　刷：北京智力达印刷有限公司
版　　次：2013 年 3 月第 1 版
印　　次：2013 年 3 月第 1 次印刷
印　　数：1—8 000 册
开　　本：880 毫米×1230 毫米　1/32
印　　张：6.625
字　　数：106 千字
书　　号：ISBN 978-7-5060-5143-9
定　　价：35.00 元
发行电话：(010) 65210056　65210057　65210061